U0170905

国家重点研发计划项目(2017YFC0804108)资助
国家自然科学基金项目(51974126、51774136、51204069)资助
河北省自然科学基金重点项目(D2017508099)资助
教育部"创新团队发展计划"项目(IRT_17R37)资助
中央高校基本科研业务费项目(D3142015092)资助

砂岩微观结构分形特征与宏观渗透性关联性研究

吴金随　尹尚先　马丽红　徐　斌　著

中国矿业大学出版社

·徐州·

内 容 提 要

本书以地质、沉积理论为基础,采集相关岩石样品,应用扫描电子显微镜和 CT 扫描技术、地质统计学方法,结合多学科理论,深入研究了砂岩结构与渗透性之间的关系,建立了从砂岩微观结构分析到宏观渗透率预测的模型,可为煤矿防治水工作提供一定的帮助。

本书可作为地质工程、地下水科学与工程等相关专业本科及以上学生的参考用书,也可供相关专业的从业者、研究人员参考使用。

图书在版编目(C I P)数据

砂岩微观结构分形特征与宏观渗透性关联性研究/
吴金随等著. —徐州:中国矿业大学出版社,2022.1

ISBN 978 - 7 - 5646 - 5252 - 4

Ⅰ. ①砂… Ⅱ. ①吴… Ⅲ. ①砂岩－渗透性－研究
Ⅳ. ①P588.21

中国版本图书馆 CIP 数据核字(2021)第 259741 号

书 名	砂岩微观结构分形特征与宏观渗透性关联性研究
著 者	吴金随 尹尚先 马丽红 徐 斌
责任编辑	黄本斌
出版发行	中国矿业大学出版社有限责任公司
	(江苏省徐州市解放南路 邮编 221008)
营销热线	(0516)83885370 83884103
出版服务	(0516)83995789 83884920
网 址	http://www.cumt.com E-mail:cumtpvip@cumtp.com
印 刷	苏州市古得堡数码印刷有限公司
开 本	787 mm×1092 mm 1/16 印张 7.75 字数 119 千字
版次印次	2022 年 1 月第 1 版 2022 年 1 月第 1 次印刷
定 价	32.00 元

(图书出现印装质量问题,本社负责调换)

前　言

华北型石炭-二叠纪煤田,其煤系地层赋存厚层砂岩含水层。由于受沉积环境变化及构造运动影响,砂岩宏观上表现出一定的层状成层性或相变变异性,因而其渗透性、储水性在空间分布上亦存在着不确定性和不均匀性,微观上又具有随机性与结构性双重性质。已有大量研究和野外实践表明,砂岩含水介质不仅具有非均质性和空间变异性,而且渗透性具有逾渗特性。砂岩本质属性决定了其渗透性(参数)是空间坐标的函数,即分布式参数。

表征砂岩多孔介质渗透性能的水文地质参数,是地下水资源评价、水文地质条件评价、矿井涌水量预测等工作的重要基础,但其获取和评估途径有限,现行野外勘探及水文地质试验方法,费时费力且数量有限,很难满足分布式参数的要求,而数值模拟的参数反演又与实际情况存在差异,也不能满足分布式参数的要求。

本书旨在解决有限勘探工程量粗放分析方法与富水性精细刻画要求的尖锐矛盾,在传统宏观勘探方法的基础上引入了现代微观分析手段,通过钻孔垂向砂岩微观结构分形特征与宏观渗透性关联,经剖面比对形成了总体关联模型,实现了参数值三维空间化和精细化。

本书在撰写过程中,参考和借鉴了许多同行专家和学者的著作及研究成果,在此表示感谢。感谢吉林大学戴振学教授、玛斯金格姆大学 Eric Law 教授在研究工作中给予的帮助和支持。感谢参加实验及分析的谢董玉、李媛媛、姜涛、徐路路、孔雁冰、姬金鹏、张辞源、邢敏等同学。感谢中国矿业大学出版社相关工作人员为本书提供了严谨的编辑工作。

本书由国家重点研发计划项目(2017YFC0804108),国家自然科学基金项目(51974126、51774136、51204069),河北省自然科学基金重点项目(D2017508099),教育部"创新团队发展计划"项目(IRT_17R37),中央高校基本科研业务费项目(D3142015092)资助。

由于著者水平有限,加之时间紧迫,书中难免存在疏漏之处,恳请读者不吝指正。

著 者

2021 年 10 月

目　　录

第1章　绪　　论

1.1　国内外研究状况及发展动态分析

1.1.1　砂岩含水岩组空间特性的影响

华北型石炭-二叠纪煤田,其煤层上部或煤层间赋存厚层砂岩含水层。由于受沉积环境及构造运动等因素的影响,砂岩含水岩组在空间上表现为相变及非均质性特征,使得基于均质介质渗流理论的矿井涌水量预测与实际情况严重不符,其结果轻则影响矿井排水系统建设运行,重则引发淹井等威胁矿井安全生产的事故。

沉积环境的阶段性或间歇性,使砂岩宏观上表现出一定的成层性或相变,而颗粒的大小、分选、排列及胶结形式甚至后期构造运动改造等,导致砂岩孔隙裂隙结构极其复杂,在空间分布上表现出不均匀性,因而其渗透性、储水性在空间分布上亦存在着不确定性和不均匀性,在一定的空间几何领域内具有空间变异性,相应的空间上的变化同时具备随机性与结构性双重性质。同时,由于逾渗现象,砂岩复杂结构导致孔隙度不一定完全与其渗透性能对应。因此,大量研究和野外实践表明,砂岩含水介质不仅具有非均质性和空间变异性,而且渗透性具有逾渗特性。

1.1.2　表征砂岩多孔介质渗透性能的水文地质参数获取方法

表征砂岩多孔介质渗透性能的水文地质参数,是地下水资源评价、水文地质条件评价、矿井涌水量预测等工作的重要基础,但其获取和评估途径有限,一般以野外抽(放)水试验直接获取、实验测定或数值模拟间接获取为主要手段。抽(放)水试验获取的参数是点状分布数据,由于费用及时间所限,勘探孔数量有限且做抽(放)水试验的钻孔数更是寥寥无几,不能反映含水介质在空间上的连续性变化与结构性变异;实验测定受尺度效应及样品扰动破坏等因素影响,间接获取的参数存在准确性差、不能反映空间变化的缺陷;通过参数分区,数值模拟采用试估-拟合方法反求分区范围内的参数,在反求中最大的不足之处在于人为原因导致含水层分区交界处形成实际并不存在的参数突变界面,参数分区太多又会导致数值反演无法进行。砂岩含水层非均质属性决定了其渗透性(参数)是空间坐标的函数,即分布式参数,上述参数获取方法不可能获得其真值,只能取得某点或局部的平均参数值。因此,探寻砂岩物质结构构造与渗透性能二者之间的内在关联机制以及空间分布规律就成为业界国内外学者的研究热点。

1.2 主要研究内容及创新性

本书选择华北型煤田中具有代表性的井田为研究对象,在充分研究其煤系地层沉积史的基础上,考虑了影响沉积物空间特征的地层组合、岩性特征、构造格局等因素,通过现场资料收集、采集样品、室内测试分析等,对沉积物按照岩相类型分类,深入研究了沉积物岩相比例、在某一特定走向上岩相延展特征、岩相间组合的形式、岩相内部特征等规律,创建了砂岩微观结构分形特征与宏观渗透性能的关联数学模型。

(1)渗透性参数总体空间相关性模型

在砂岩含水岩组露头区、矿井采掘揭露区或者钻探揭穿区,进行岩相描述,采集岩芯样本,运回实验室实测渗透率,绘制采样区岩相出露(揭露)状况图,再把图像转换成指标数据集,以此来计算岩相比例及转换概率。采用地质统计学中的克里金方法,计算渗透性参数的总体半方差或协方差模型,构建由岩相比例、转换概率和半方差或协方差函数组成的渗透性总体空间相关性模型。

(2)建立相组空间特征与渗透性关联的总体模型

使用嵌套协方差和转换概率模型估算的参数,建立总体协方差模型,最终建立砂岩相组构造特征和渗透性的层次空间随机函数模型。

本书具体技术创新点如下:

(1)在横向和垂向上采集不同岩芯,进行室内实验,采用计算机信息技术重构大尺度三维孔隙裂隙网络系统,从内部空间结构刻画多孔介质的空间变异性,分析砂岩岩相空间分形特征。

(2)基于分形理论建立了砂岩渗透性与分形维数等结构参数的函数关系,经校正的总体模型解算空间各点对应的渗透性参数,实现了砂岩渗透性参数随着空间变化,且无限逼近物质本身自然真值。

1.3 研究方法及技术路线

本书以地质、沉积理论为基础,划分砂岩含水岩相组,从垂向、横向上依次采集岩石样本,应用扫描电子显微镜(SEM)和 CT 扫描技术,获取样本微观结构及三维图像,采用计算机信息技术进行图像处理,再综合应用分形几何学、渗流力学、逾渗理论等多学科理论,分析岩石孔隙结构分形特征,构建逾渗模型,获取逾渗阈值,建立渗透性参数与岩石结构参数的相关关系,应用地质统计学方法,最终建立砂岩相组构造特征和渗透性的层次空间随机函数模型。本书技术路线如图 1-1 所示。

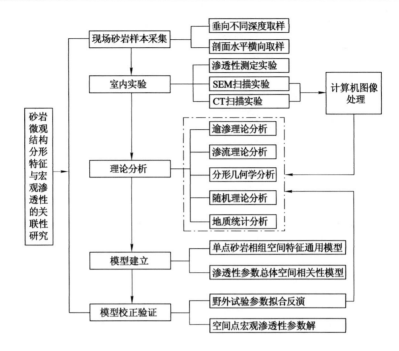

图 1-1　本书技术路线

第 2 章　砂岩微观孔渗实验

2.1　现场调查和取样

（1）砂岩岩芯样品选取

本书所选样品主要来自冀中能源股份有限公司葛泉矿（以下简称"葛泉矿"）、山西高河能源有限公司（以下简称"潞安高河矿"）、山西西山煤电股份有限公司马兰矿（以下简称"马兰矿"）、山西焦煤集团有限责任公司屯兰煤矿（以下简称"屯兰矿"）的煤层顶板砂岩，岩芯采集范围大且具有一定代表性，能基本反映华北地区砂岩的基本特征。在砂岩层位选取上，本次研究的目标层位主要为山西组、太原组等煤层顶板。

（2）砂岩样品采集及制样

在葛泉矿、潞安高河矿、马兰矿及屯兰矿煤层顶板，共采集砂岩样品 300 余块，并将样品进行制样，如图 2-1 所示。砂岩岩芯大部分为硬度很高的致密砂岩。砂岩岩芯在空气中暴露一个星期之后，一部分砂岩岩芯很快就会崩解，通过薄片镜下观察发现，崩解砂岩岩芯的填隙物富含黏土矿物，而黏土矿物的胶结性差，这可能是砂岩岩芯崩解的主要原因。

（a）砂岩岩芯采集现场样品图

（b）制作完成样品图

图 2-1　砂岩岩芯采集现场及制作完成样品图

2.2　砂岩的渗透率和孔隙度测试实验

在实验室利用法国 Coreval 700 覆压孔渗仪对煤层顶板砂岩样品的孔隙度及渗透率进行了测试分析,测试结果如表 2-1 所列,其中"GQ"代表葛泉矿样品,"LA"代表潞安高河矿样品,"ML"代表马兰矿样品,"TL"代表屯兰矿样品。从测试结果可以看出,除了个别样品外,整体上潞安高河矿砂岩孔隙度较低,葛泉矿、马兰矿和屯兰矿砂岩孔隙度较高,但砂岩渗透率均较低,如图 2-2 和图 2-3 所示。

表 2-1　煤层顶板砂岩样品孔隙度、渗透率测试结果

序号	样品编号	长度/mm	直径/mm	质量/g	围压/psi	孔压/psi	孔隙度/%	渗透率/mD
1	GQ2a	36.30	25.61	46.50	560	200	3.46	0.006 6
2	GQ2b	35.70	25.73	45.44	560	200	4.42	0.014 4
3	GQ5a	37.18	25.50	49.03	560	200	4.07	0.035 9
4	GQ5b	28.63	25.45	36.19	560	200	3.88	0.010 2
5	GQ7a	25.47	25.62	32.46	560	200	4.58	0.008 4
6	GQ7b	34.96	25.51	44.45	560	200	3.97	0.006 9
7	LA1	37.88	25.61	50.14	560	200	0.75	0.069 5
8	LA2	37.66	25.67	52.36	560	200	0.35	0.011 2
9	LA3	37.88	25.69	53.39	560	200	0.38	0.006 9
10	LA4	36.65	25.53	49.44	560	200	0.74	0.016 0
11	LA5	36.97	25.48	47.19	560	200	4.99	0.069 5
12	ML1	37.94	25.56	48.38	560	200	5.93	0.006 6
13	TL1a	38.39	25.52	49.43	560	200	6.17	0.007 3
14	TL1b	37.94	25.67	48.18	560	200	5.66	0.005 2
15	TL2	38.22	25.50	52.48	560	200	1.14	0.087 0

注:① 1 psi=6 894.76 Pa。

② 1 mD=0.987×10^{-15} m²,下同。

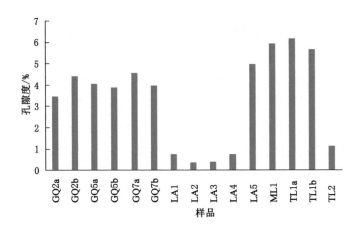

图 2-2　各样品测试孔隙度分布图

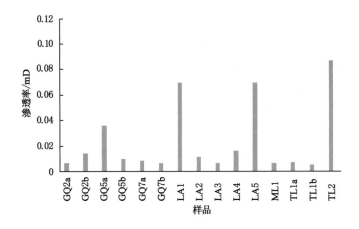

图 2-3　各样品测试渗透率分布图

第 3 章　砂岩薄片及全岩分析实验

3.1　砂岩薄片的组分研究

对采自潞安高河矿、屯兰矿、马兰矿和葛泉矿的岩芯样品,按照不同深度进行切片磨制普通薄片和铸体薄片,共计 100 余个,并选取各矿 26 个具有代表性的铸体薄片进行系统鉴定,鉴定结果显示,华北地区煤层顶板以岩屑砂岩为主,填隙物含量高,较为致密,主要发育微孔隙。以下对潞安高河矿、屯兰矿、马兰矿和葛泉矿山西组砂岩岩性进行详细介绍。

（1）潞安高河矿山西组砂岩岩性特点

岩性主要为含泥岩屑砂岩,粒度为 0.25～0.60 mm,分选中等,次棱状,线性接触-凹凸接触,次生加大型-孔隙型胶结。碎屑及填隙物组分占比如下:碎屑中石英(含燧石)为 23.5%～34.7%,长石为 7.2%～13.7%,火成岩岩屑为 3.0%～8.2%,变质岩岩屑为 21.9%～26.3%,其他陆源碎屑为 0.3%～7.9%;填隙物中泥质(主要为水云母、高岭石和绿泥石)为 10.2%～15.4%,凝灰质为 1.4%～3.2%,其他(包括菱铁矿和硅质)为 0～17.6%。由颗粒接触关系可见岩石的压实作用很强,能够与测得的孔隙度较小相互印证。

根据潞安高河矿山西组砂岩的部分微观图,其岩性典型特点如下:

① 碎屑组分以石英为主,长石为次,长石绢云母化或被方解石交代(图 3-1);

（a）单偏光

(b) 正交偏光

图 3-1　潞安高河矿山西组砂岩微观图 1

② 填隙物组分中,除菱铁矿外,以水云母为主(图 3-2);

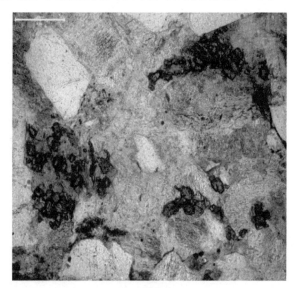

（a）单偏光

(b) 正交偏光

图 3-2　潞安高河矿山西组砂岩微观图 2

③ 常见石英加大,水云母重结晶形成绢云母(图 3-3);

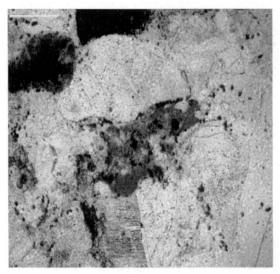

(a) 单偏光

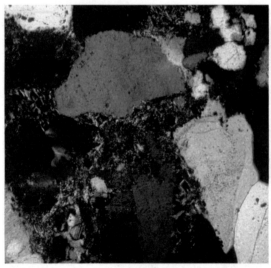

(b) 正交偏光

图 3-3　潞安高河矿山西组砂岩微观图 3

　④ 碎屑具极薄的绿泥石膜,高岭石充填于石英加大后的剩余粒间孔 (图 3-4 和图 3-5)。

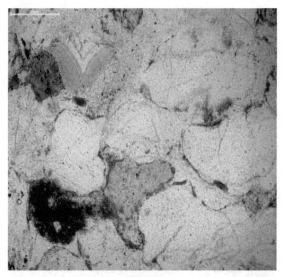

（a）单偏光

(b) 正交偏光

图 3-4　潞安高河矿山西组砂岩微观图 4

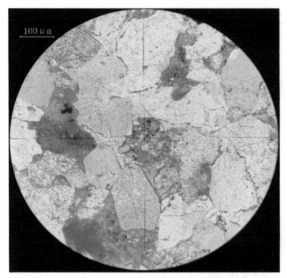

（a）单偏光

（b）正交偏光

图 3-5　潞安高河矿山西组砂岩微观图 5

（2）屯兰矿山西组砂岩岩性特点

岩性主要为含硅质中粗粒岩屑砂岩，粒度为 0.30～0.75 mm，分选中等，次棱～次圆状,线性接触,孔隙型-次生加大型胶结。碎屑及填隙物组分占比如下:碎屑中石英(含燧石)为26.2%～48.4%,长石为1.5%～2.3%,火成岩岩屑为1.2%～2.5%,变质岩岩屑为13.5%～16.5%,沉积岩岩屑为0～2.3%,其他陆源碎屑为0～3.2%;填隙物中泥质(主要为水云母、杂基和高岭石)为11.0%～16.5%,凝灰质为0～0.5%,其他(包括方解石、白云石、硅质和黄铁矿)为17.8%～36.0%。个别岩石发育粒间孔、粒内溶孔、铸模孔和构造缝。

根据屯兰矿山西组砂岩的部分微观图,其岩性典型特点如下:

① 自生粉晶粒状黄铁矿沿碎屑边缘交代甚至将碎屑完全交代(图3-6);

② 填隙物组分以方解石(染色后呈红色)和白云石(不染色)为主(图3-7);

③ 常见石英加大,白云石充填孔隙并交代碎屑(图3-8);

④ 高岭石充填孔隙,高岭石晶间孔内充填有机质(图3-9);

⑤ 方解石交代碎屑,绢云母充填孔隙,部分绢云母中析出白钛矿(图3-10)。

(3) 马兰矿山西组砂岩岩性特点

岩性主要为含蚀变凝灰质中粒岩屑砂岩,粒度为0.2～0.5 mm,分选中等,次棱角状,线性接触,孔隙型胶结。碎屑及填隙物组分占比如下:碎屑中石英(含燧石)为24.7%～53.2%,长石为0～3.5%,火成岩岩屑为0.3%～21.0%,变质岩岩屑为11.0%～19.7%,沉积岩岩屑为0.2%～1.8%,其他陆源碎屑为0～2.5%;填隙物中泥质(主要为水云母、高岭石,含少量杂基和泥铁质)为2.8%～17.2%,凝灰质为2.5%～30.0%,其他(包括方解石、白云石、硅质和黄铁矿)为2.5%～12.0%。

根据马兰矿山西组砂岩的部分微观图,其岩性典型特点如下:

① 碎屑大小混合,略显定向排列,碎屑组分以石英及石英岩屑为主,填隙物组分以蚀变凝灰质为主(图3-11);

② 常见石英加大,绢云母和蚀变成因的高岭石充填孔隙(图3-12);

③ 白云石呈他形粉晶粒状交代碎屑,形成部分云化碎屑(图3-13);

④ 塑性岩屑变形成假杂基,水云母重结晶形成绢云母(图3-14)。

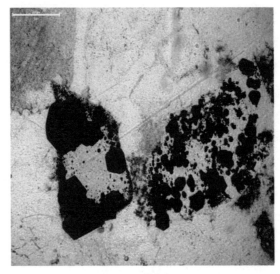

（a）单偏光

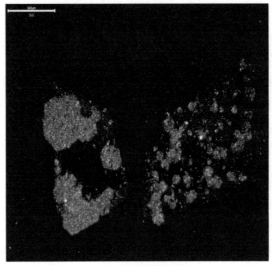

（b）正交偏光

图 3-6　屯兰矿山西组砂岩微观图 1

（a）单偏光

（b）正交偏光

图 3-7　屯兰矿山西组砂岩微观图 2

（a）单偏光

（b）正交偏光

图 3-8　屯兰矿山西组砂岩微观图 3

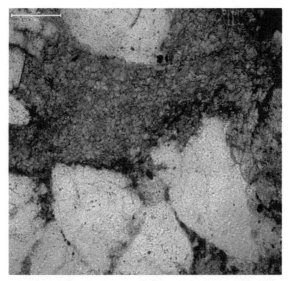

（a）单偏光

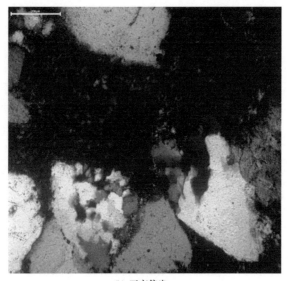

(b) 正交偏光

图 3-9　屯兰矿山西组砂岩微观图 4

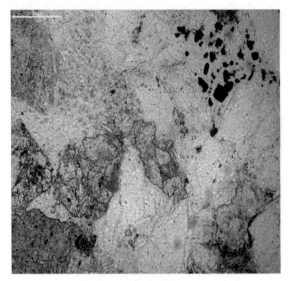

（a）单偏光

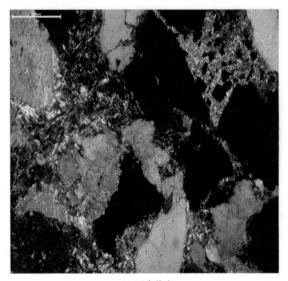

（b）正交偏光

图 3-10 屯兰矿山西组砂岩微观图 5

（a）单偏光

（b）正交偏光

图 3-11　马兰矿山西组砂岩微观图 1

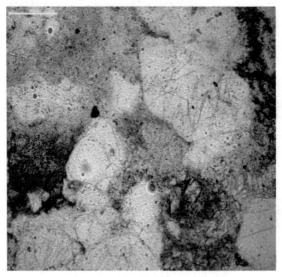

（a）单偏光

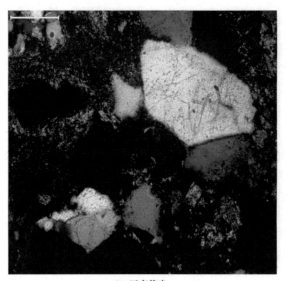

(b) 正交偏光

图 3-12　马兰矿山西组砂岩微观图 2

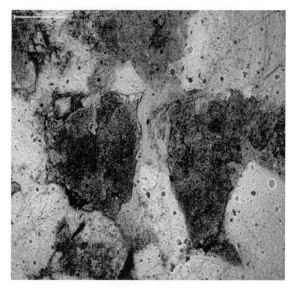

（a）单偏光

(b) 正交偏光

图 3-13　马兰矿山西组砂岩微观图 3

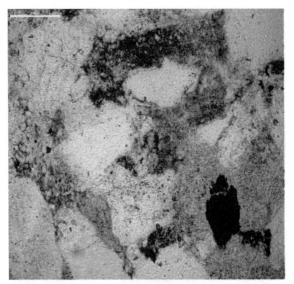

（a）单偏光

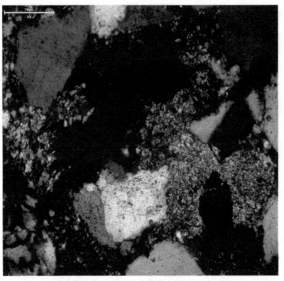

（b）正交偏光

图 3-14　马兰矿山西组砂岩微观图 4

（4）葛泉矿山西组砂岩岩性特点

岩性主要为岩屑砂岩和长石岩屑砂岩，粒度为 0.2～0.5 mm，分选中等，次棱角状，线性接触，孔隙型胶结。碎屑及填隙物组分占比如下：碎屑中石英（含燧石）为 8.7%～28.5%，长石为 4.3%～23.0%，火成岩岩屑为 7.1%～14.0%，变质岩岩屑为 3.8%～17.0%，沉积岩岩屑为 0.5%～5.0%。填隙物中泥质（主要为网状黏土、水云母和杂基，含少量高岭石）为 1.3%～2.9%，凝灰质为 0～25.0%，其他（包括方解石、菱铁矿、白云石、硅质、长石质和黄铁矿）为 2.4%～38.5%。网状黏土对该砂岩的孔隙度有有利影响。填隙物出现方解石、菱铁矿及白云石，说明孔隙水呈碱性。

根据葛泉矿山西组砂岩的部分微观图，其岩性典型特点如下：

① 碎屑间呈点状接触，填隙物组分以嵌晶状方解石及沿碎屑边缘分布的菱铁矿为主（图 3-15）；

② 填隙物组分以蚀变凝灰质和碳酸盐矿物为主，碳酸盐矿物交代碎屑（图 3-16）；

（a）单偏光

图 3-15　葛泉矿山西组砂岩微观图 1

(b) 正交偏光

图 3-15 （续）

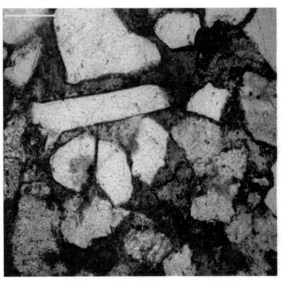

（a）单偏光

图 3-16 葛泉矿山西组砂岩微观图 2

(b) 正交偏光

图 3-16 （续）

③ 常见长石加大,斜长石沿较早期形成的泥晶状碳酸盐包膜发生再生长(图 3-17);

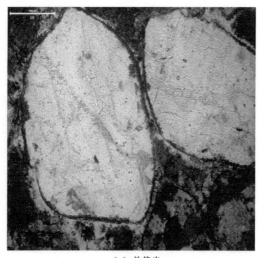

（a）单偏光

图 3-17　葛泉矿山西组砂岩微观图 3

(b) 正交偏光

图 3-17 （续）

④ 黑云母菱铁矿化较为普遍,蚀变后体积膨胀并变形,形成假杂基 (图 3-18);

（a）单偏光

图 3-18 葛泉矿山西组砂岩微观图 4

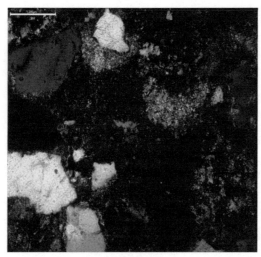

(b) 正交偏光

图 3-18　（续）

⑤ 常见石英加大，晶片较粗大的黏土矿物充填孔隙（图 3-19）；

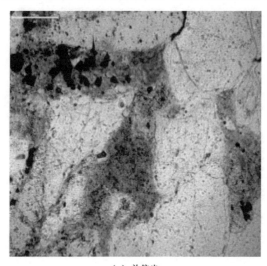

（a）单偏光

图 3-19　葛泉矿山西组砂岩微观图 5

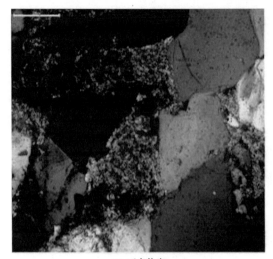

(b) 正交偏光

图 3-19 （续）

⑥ 岩石中含杂乱分布的鳞片状水化云母片（图 3-20）。

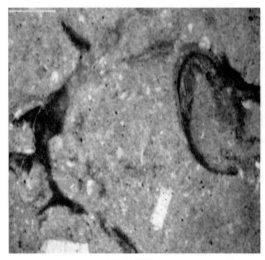

（a）单偏光

图 3-20 葛泉矿山西组砂岩微观图 6

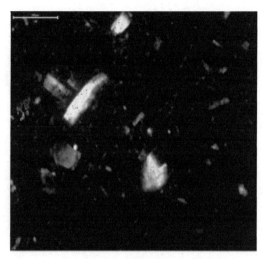

(b) 正交偏光

图 3-20　（续）

3.2　砂岩全岩及黏土矿物的成分分析

利用日本理学 TTR Ⅲ 多功能 X 射线衍射仪,对葛泉矿普通砂岩及陷落柱砂岩样品进行全岩及黏土矿物成分分析,参考标准为《沉积岩中黏土矿物和常见非黏土矿物 X 射线衍射分析方法》(SY/T 5163—2018)。

葛泉矿普通砂岩及陷落柱砂岩全岩矿物 X 射线衍射分析表如表 3-1 和表 3-2 所列,并根据分析表做出全岩矿物成分分析图,如图 3-21 和图 3-22 所示。

表 3-1　葛泉矿普通砂岩全岩矿物 X 射线衍射分析表

样品号	原编号	矿物含量/%									
		石英	钾长石	斜长石	方解石	白云石	菱铁矿	黄铁矿	石膏	铁白云石	黏土矿物
1	GQ2b	51.6	6.1	11.0	1.6	—	9.2	—	—	—	20.5
2	GQ2p	17.6	—	17.1	21.7	18.8	16.2	—	—	—	8.6
3	GQ5a-1	32.5	0.4	14.1	9.6	—	—	—	—	19.3	24.1

表 3-1(续)

样品号	原编号	矿物含量/%									
		石英	钾长石	斜长石	方解石	白云石	菱铁矿	黄铁矿	石膏	铁白云石	黏土矿物
4	GQ5a-2	16.2	—	30.2	11.3	—	—	—	—	16.8	25.5
5	GQ5a-3	22.6	—	22.9	12.6	—	—	—	—	17.8	24.1
6	GQ5a-4	31.6	—	16.6	9.2	—	—	—	—	18.7	23.9
7	GQ5b	35.2	—	20.3	1.7	—	—	—	—	8.3	34.5
8	GQ5p	39.3	4.0	10.0	17.0	—	2.2	—	—	10.4	17.1
9	GQ5v-8	34.0	0.6	11.5	—	—	10.8	0.4	—	5.8	36.9
10	GQ7a	55.1	3.9	11.7	2.1	—	4.0	—	—	—	23.2
11	GQ7b	35.3	—	13.9	—	—	5.4	1.9	—	12.6	30.9
12	GQ7v	35.9	—	7.8	—	—	8.1	1.0	—	14.0	33.2
13	GQ2	24.7	0.5	22.0	11.3	—	—	—	—	17.3	24.2

表 3-2　葛泉矿陷落柱砂岩全岩矿物 X 射线衍射分析表

样品号	原编号	矿物含量/%									
		石英	钾长石	斜长石	方解石	白云石	菱铁矿	黄铁矿	石膏	铁白云石	黏土矿物
1	GQ 陷落柱 1	32.2	1.1	6.1	3.0	—	—	—	—	—	57.6
2	GQ 陷落柱 2	56.6	0.3	2.9	8.7	—	—	5.5	0.5	—	25.5
3	GQ 陷落柱 3	53.2	2.3	3.6	—	—	—	5.4	0.2	—	35.3
4	GQ 陷落柱 4	61.9	1.0	4.5	—	—	—	1.5	0.3	—	30.8
5	GQ 陷落柱 5	62.6	0.8	2.4	—	—	—	3.5	0.2	—	30.5

　　通过对葛泉矿普通砂岩样品与陷落柱砂岩样品全岩矿物成分数据分析,认为:从与普通砂岩相比,陷落柱砂岩中石英平均含量增加、斜长石平均含量减少、黏土矿物平均含量增加,可能是长石的风化或者是热液蚀变导致黏土

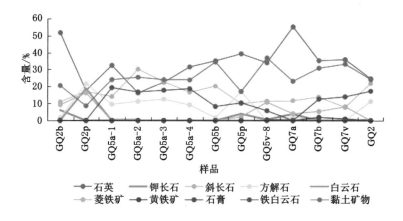

图 3-21　葛泉矿普通砂岩全岩矿物成分分析图

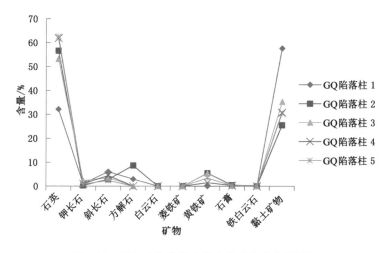

图 3-22　葛泉矿陷落柱砂岩全岩矿物成分分析图

矿物的增加。另外,普通砂岩中碳酸盐矿物平均含量高于陷落柱砂岩中碳酸盐矿物平均含量,可能是陷落柱塌陷时酸性地下水溶蚀导致碳酸盐矿物的减少。陷落柱砂岩中有黄铁矿出现,说明是还原环境,即陷落柱塌陷后环境是封闭的。

　　在对比薄片鉴定结果中,黑云母菱铁矿化较为普遍,蚀变后体积膨胀数倍并变形或发生褪色,可能是热液作用导致的,需要进一步证实。热液发生在陷落柱形成之后。

葛泉矿砂岩黏土矿物 X 射线衍射分析表如表 3-3 所列,并根据分析表做出黏土矿物成分分析图,如图 3-23 所示。

表 3-3　葛泉矿砂岩黏土矿物 X 射线衍射分析表

样品号	原编号	黏土矿物相对含量/%						混层比/%	
		蒙皂石	伊蒙混层	伊利石	高岭石	绿泥石	绿蒙混层	伊蒙混层	绿蒙混层
1	GQ2a	—	79	6	12	3	—	30	—
2	GQ2b	—	90	8	—	2	—	30	—
3	GQ2p	—	83	—	10	7	—	30	—
4	GQ5a-1	—	87	—	11	2	—	30	—
5	GQ5a-2	—	77	4	15	4	—	30	—
6	GQ5a-3	—	75	5	17	3	—	30	—
7	GQ5a-4	—	75	3	19	3	—	30	—
8	GQ5b	—	81	2	14	3	—	30	—
9	GQ5p	—	89	9	1	1	—	20	—
10	GQ5v-8	—	69	3	25	3	—	25	—
11	GQ7a	—	91	7	1	1	—	25	—
12	GQ7b	—	67	2	29	2	—	25	—
13	GQ7v	—	64	2	31	3	—	25	—
14	GQ2	—	78	5	13	4	—	25	—
15	GQ5	—	74	5	17	4	—	25	—
16	GQ7	—	58	3	39	—	—	25	—
17	GQ 陷落柱 1	—	72	2	12	14	—	50	—
18	GQ 陷落柱 2	—	85	13	1	1	—	50	—
19	GQ 陷落柱 3	—	88	12	—	—	—	50	—
20	GQ 陷落柱 4	—	95	5	—	—	—	50	—
21	GQ 陷落柱 5	—	96	4	—	—	—	50	—

表 3-3(续)

样品号	原编号	黏土矿物相对含量/%						混层比/%	
		蒙皂石	伊蒙混层	伊利石	高岭石	绿泥石	绿蒙混层	伊蒙混层	绿蒙混层
22	GQ 陷落柱 3-1	—	33	65	—	2		5	
23	GQ 陷落柱 4-1	—	—	—	100	—			
24	GQ 陷落柱 2.3.9-1	—	72	28	—	—		50	
25	GQ 陷落柱 6	—	19	81	—	—		5	
26	GQ 陷落柱 7	—	64	6	—	11	19	15	40
27	GQ 陷落柱 8	—	11	20	—	24	45	5	20

注:混层比是指混层中蒙皂石层所占的比例。

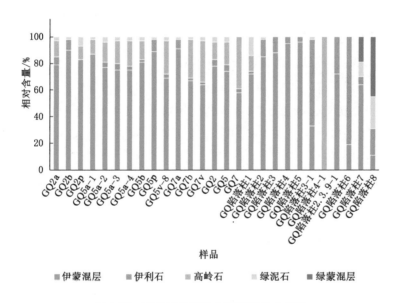

图 3-23 葛泉矿砂岩黏土矿物成分分析图

通过葛泉矿普通砂岩与陷落柱砂岩中黏土矿物成分对比,发现:从总体上看,葛泉矿山西组砂岩中的黏土矿物以伊蒙混层为主,其平均相对含量为

69.3%,伊利石为11.1%,高岭石为13.6%,绿泥石为3.6%。其中,普通砂岩中伊蒙混层平均相对含量为77.3%,伊利石为4.0%,高岭石为15.9%,绿泥石为2.8%。而陷落柱砂岩中伊蒙混层平均相对含量为57.7%,伊利石为21.5%,高岭石为10.3%,绿泥石为4.7%。陷落柱砂岩中伊利石和绿泥石相对含量增加,伊蒙混层和高岭石相对含量减少,说明陷落柱的压实作用更强,压实作用有利于伊蒙混层向伊利石转化。

关于黏土的生成条件主要有三种:风化作用;热液、温泉作用;沉积作用、成岩作用。

关于黏土矿物的转化,前人证实随埋深的增加,蒙皂石即向伊利石转化。实验研究也证明,温度在$100\sim130\ ℃$、K^+与H^+比率接近正常海水时,蒙皂石失去层间水而向伊利石转化。但是蒙皂石不能简单地通过离子交换转变成伊利石。因为蒙皂石是一种典型的以水合阳离子及水分子作为层间物的$3:1$型黏土矿物,随着埋深的增加、温度和压力的升高,蒙皂石将有一部分层间水脱出,造成了某些层间塌陷,导致了晶格的重新排列和碱性阳离子的吸附,先形成伊蒙混层,进而转变为伊利石。一般认为蒙皂石向伊蒙混层矿物转化的深度范围应在$1\ 200\sim3\ 500$ m。在转化过程中,如果有Fe^{2+}、Mg^{2+}存在,则首先转化为绿蒙混层,进而转化为绿泥石。必须注意蒙皂石向伊利石或者绿泥石转化的重要条件是孔隙水为碱性介质,如果孔隙水为酸性介质,则向高岭石转化。

研究认为葛泉矿山西组砂岩的孔隙水为碱性介质,是相对富钾的环境。结合黏土矿物在成岩阶段的指示显示,成岩阶段位于中成岩阶段的早期。

第 4 章 砂岩 SEM 扫描实验及 分形理论研究

利用分形理论计算砂岩孔隙度的主要方法为利用分形理论和渗流理论对 SEM 微观信息进行统计分析,采用 Photoshop 结合 Image-Pro Plus 软件处理技术,分析砂岩孔隙截面在微观尺度下的分形特征,依据微观分形特征的宏观渗透系数和渗透率的理论计算公式,提取微观孔隙结构参数,获得砂岩宏观渗透性参数。其中,首先要利用 Photoshop 软件对图像进行校正,并对图像进行黑白二值化处理。然后利用 Image-Pro Plus 软件对二值化图像中的孔隙进行面积和周长的测定,得出分形维数 D 和分形系数 n,建立岩石微观孔隙结构参数与宏观渗透性能的理论模型,通过该模型利用微观孔隙的周长和面积参数获得岩石渗透系数和渗透率。

4.1 砂岩 SEM 扫描实验

光学显微镜在科研和工业中的应用非常广泛,但随着科技和工业的快速发展,普通光学显微镜已经不能满足人们更高的要求,科研人员需要更进一步从微观的角度去发现和解释孔隙内部的空间结构特性,而 SEM 则是满足这一更高要求的强有力的分析仪器。SEM 的应用范围非常广泛,通常在有机材料和无机材料中都会使用到,以达到探索其微观孔隙结构的目的。

相比普通光学显微镜,SEM 拥有以下十分独特的特点:

（1）在检测大块样品时可以得到非常高的分辨率，SEM 独特的构造和运行的原理可以将观测的样品放大至几千万倍，而且还会保持较高的分辨率。

（2）SEM 可以在不对样品造成损害的情况下获得清晰准确的样品图像。

（3）由于 SEM 所特有的大景深，观测人员可以获得独特的三维形态的样品图像，从而获取更多的样品信息。

（4）样品通常不用预先制备就可以放入 SEM 中直接观察，即使个别情况下需要制备时，也可由普通人员迅速完成，使用起来非常快速、方便。

（5）与多种分析探测器（如 X 射线能谱仪等）配合使用，可方便快捷地获取样品微观形貌、分析样品成分。

随着经济的快速发展，SEM 在企业中，特别是电子、材料、机械、半导体、矿物、金属等相关企业中的应用得到迅速普及，为企业产品质量的提高、生产工艺的改进及研发工作的深入开展做出了重要贡献，并创造出了巨大的经济效益。

4.1.1　SEM 的构成

SEM 由四大系统组成：第一个是电子光学系统（电子光学系统包含电子枪、电磁透镜、扫描线圈等），电子光学系统能够通过电子计算机求解电子的运动轨迹，在材料学、质谱学以及电子显微学等领域中，凡是涉及产生、控制和利用带电粒子数的问题，都需要用到电子光学系统；第二个是机械系统，机械系统包括 SEM 的硬件设备，如 SEM 的主机、光学传感器、电子发射器、支撑部分和样品室等；第三个是真空系统，就是将样品室当中的空气进行抽离，使之成为真空状态的系统；第四个是样品所产生信号的收集、处理和显示系统，即对样品的相关信息进行处理，并且进行图像展示的设备。

4.1.2　SEM 的使用

SEM 的使用步骤如下：

（1）启动电源，按下主机开关，将钥匙放在第三挡 3 s，启动之后钥匙回到第二挡。

（2）打开电脑,此过程较慢,一般在 5 min 左右才能唤醒 SEM 主机。

（3）在 SEM 启动完毕后,SEM 中的真空系统开始工作,将样品室中的空气进行抽出。

（4）将 U 盘插入 SEM 主机。

（5）打开样品室,将样品架放入样品室(需要注意的是样品在样品架上的放置不能超过样品架的口径,并且要将放置好的样品在样品架上旋到样品架筒内,距离筒口 1 cm 左右,这样做的目的是保护 SEM)。

（6）通过桌面上的聚焦旋钮将样品调整到中心部位并清晰可见。

（7）点击“切换镜头”,换至高倍镜。

（8）点击“亮度调整”,将样品图像调整到合适的亮度。

（9）点击“分辨率调整”,通过聚焦旋钮将分辨率调整到合适的参数。

（10）点击“系统设置”,选择拍照使用的分辨率,并且为样品命名。

（11）通过聚焦旋钮选择不同的放大倍数,并进行拍照。

（12）拍照完毕后点击“镜头切换”。

（13）退出系统,拿出样品架。

4.1.3　砂岩样品制作

制作样品的步骤如下:

（1）从岩样中切取一小部分,切割至方块的形状且方块的边长不超过 2 cm,如图 4-1 所示。

（2）去除样品表面的杂物并对其进行编号。

4.1.4　实验准备

（1）样品喷金:由于岩石样品是块状的非导电体,所以进行 SEM 扫描之前要预先进行喷金的操作,使样品表面形成一层镀金膜,如图 4-2 所示。样品喷金可以有效防止在电子束的照射下积累一定的电荷使得图像的分辨率下降,也可以防止样品的热损伤。

（2）样品固定:通过导电胶将样品固定在样品架上,如图 4-3 所示,并将样品架放到 SEM 中。

图 4-1　样品切割

图 4-2　样品喷金

图 4-3　样品固定

4.2　岩样组成成分分析

　　煤层顶板砂岩主要为粉砂岩和细砂岩,其中太原组粉砂岩分布较为稳定,属于中等完整性,矿物成分以石英和黏土矿物为主,其中高岭石含量较高,伊利石、云母和菱铁矿等含量相对较低,化学成分仍以硅铝为主。砂岩多为泥质胶结,部分层段为泥质和钙质混合胶结,具块状结构,砂岩岩石孔隙性较好,以中小孔隙为主。砂岩的孔隙是无序分布的,几何形状均不是规则形状。通过 SEM 扫描可以观察到砂岩由砂晶粒的随机堆积而成,其石英晶粒的直径一般只有几百微米。这样的晶粒是在沉积过程中形成的,在与其他矿物质一起沉积和压实后,在高压下固化形成具有多连通孔隙网络的刚性基。当砂岩的 SEM 图像部分放大后,可以看到具有不规则形状的小量矿物在晶粒表面扩展。各砂岩样品 SEM 扫描结果描述如下。

　　(1) 岩样 1(TL2)

　　对岩样 1(TL2)进行了 SEM 扫描实验,获取了岩样 1 放大 110 倍时的SEM 图像,记为“TL2_General”,然后将该图像划分为多个区域,再对这些区域进行放大操作,以便更仔细地研究岩样的微观结构或特征。岩样 1 不同区域、不同倍数下的 SEM 图像(命名规则为“岩样名_区域名_放大倍数”,下同)如图 4-4 所示。

　　其中,从部分图像可以看出:

　　① TL2_A_800:大孔隙的伊利石。

　　② TL2_B_3500:长石颗粒表面。

　　(2) 岩样 2(TL1b)

　　对岩样 2(TL1b)进行了 SEM 扫描实验,获取了岩样 2 放人 110 倍时的SEM 图像,进一步获取了岩样 2 不同区域、不同倍数下的 SEM 图像,如图 4-5所示。

　　其中,从部分图像可以看出:

　　① TL1b_A_250:致密岩石。

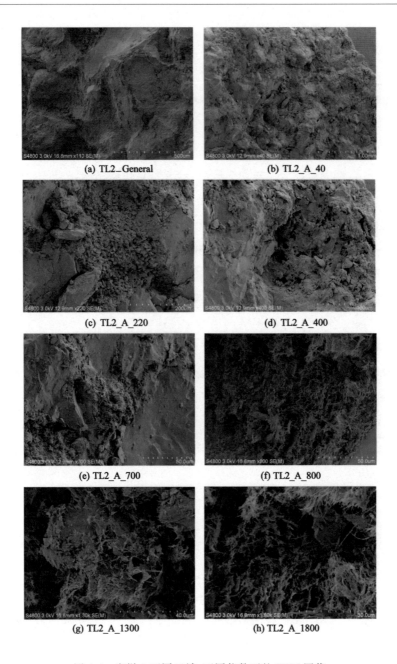

(a) TL2_General   (b) TL2_A_40

(c) TL2_A_220   (d) TL2_A_400

(e) TL2_A_700   (f) TL2_A_800

(g) TL2_A_1300   (h) TL2_A_1800

图 4-4　岩样 1 不同区域、不同倍数下的 SEM 图像

(i) TL2_A_2000 (j) TL2_A_4500

(k) TL2_B_120 (l) TL2_B_800

(m) TL2_B_1800 (n) TL2_B_2000

(o) TL2_B_3000 (p) TL2_B_3500

图 4-4　（续）

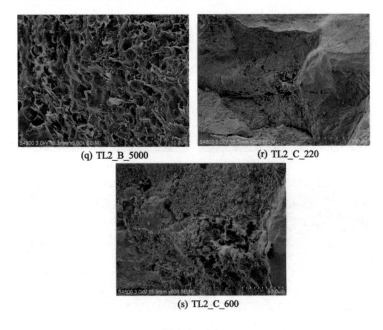

(q) TL2_B_5000　　　　　(r) TL2_C_220

(s) TL2_C_600

图 4-4　（续）

(a) TL1b_A_250　　　　　(b) TL1b_B_400

(c) TL1b_B_4000　　　　　(d) TL1b_B_15000

图 4-5　岩样 2 不同区域、不同倍数下的 SEM 图像

② TL1b_B_15000:侵入方解石的长石。

（3）岩样 3（ML1）

对岩样 3（ML1）进行了 SEM 扫描实验,获取了岩样 3 放大 110 倍时的 SEM 图像,进一步获取了岩样 3 不同区域、不同倍数下的 SEM 图像,如图 4-6 所示。

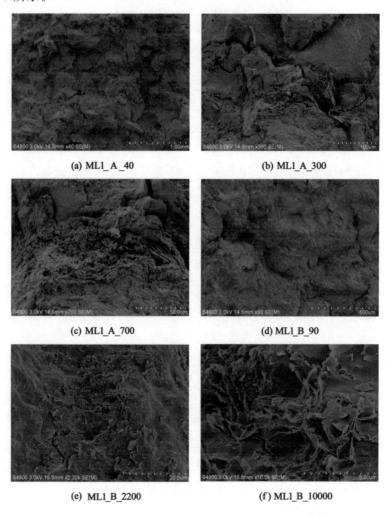

(a) ML1_A_40　　　　　　　　(b) ML1_A_300

(c) ML1_A_700　　　　　　　　(d) ML1_B_90

(e) ML1_B_2200　　　　　　　(f) ML1_B_10000

图 4-6　岩样 3 不同区域、不同倍数下的 SEM 图像

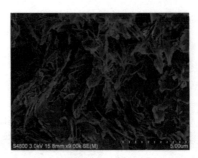

(g) ML1_C_9000

图 4-6 （续）

其中,从部分图像可以看出:

① ML1_B_90:许多表面光滑的大孔隙。

② ML1_B_2200:一些 1 μm 左右的小洞。

③ ML1_B_10000:弯曲的云母片;小石英包裹着伊利石和黏土形成的孔隙。

④ ML1_C_9000:剪断变形和碎裂的黏土,许多微裂隙。

（4）岩样 4(LA5)

对岩样 4(LA5)进行了 SEM 扫描实验,获取了岩样 4 放大 110 倍时的 SEM 图像,进一步获取了岩样 4 不同区域、不同倍数下的 SEM 图像,如图 4-7 所示。

其中,从部分图像可以看出:

① LA5_A_700:水平条纹的颗粒。

② LA5_A_2000:长石和蚀变的高岭石。

③ LA5_A_4000:较大的高岭石颗粒。

④ LA5_A_9000:高岭石颗粒和孔隙。

⑤ LA5_A_13000:两种尺寸的高岭石和很多孔隙。

⑥ LA5_B_450:高岭石覆盖了一些颗粒。

（5）岩样 5(LA4)

对岩样 5(LA4)进行了 SEM 扫描实验,获取了岩样 5 放大 110 倍时的

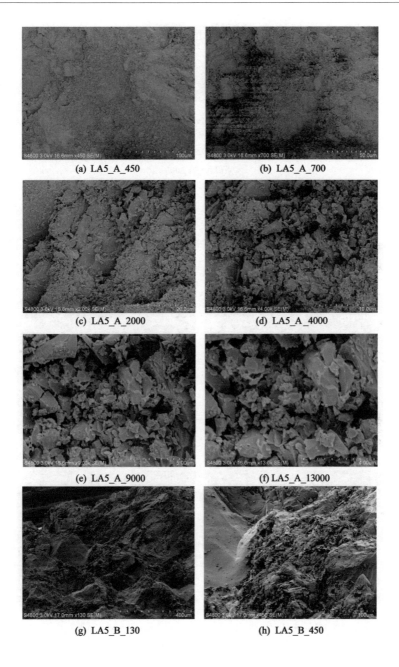

(a) LA5_A_450　　　　　　　　(b) LA5_A_700

(c) LA5_A_2000　　　　　　　　(d) LA5_A_4000

(e) LA5_A_9000　　　　　　　　(f) LA5_A_13000

(g) LA5_B_130　　　　　　　　(h) LA5_B_450

图 4-7　岩样 4 不同区域、不同倍数下的 SEM 图像

(i) LA5_B_3000

图 4-7 （续）

SEM 图像，进一步获取了岩样 5 不同区域、不同倍数下的 SEM 图像，如图 4-8 所示。

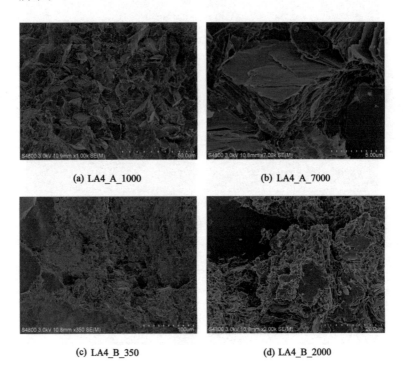

(a) LA4_A_1000

(b) LA4_A_7000

(c) LA4_B_350

(d) LA4_B_2000

图 4-8　岩样 5 不同区域、不同倍数下的 SEM 图像

其中,从部分图像可以看出:

① LA4_A_7000:板块。

② LA4_B_2000:破碎的板块。

(6) 岩样 6(LA3)

对岩样 6(LA3)进行了 SEM 扫描实验,获取了岩样 6 放大 110 倍时的 SEM 图像,进一步获取了岩样 6 不同区域、不同倍数下的 SEM 图像,如图 4-9 所示。

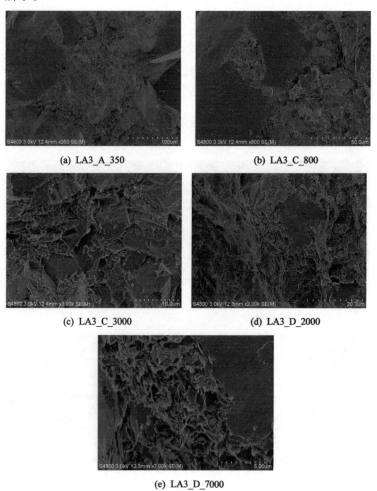

(a) LA3_A_350 　　　　　　　 (b) LA3_C_800

(c) LA3_C_3000 　　　　　　 (d) LA3_D_2000

(e) LA3_D_7000

图 4-9　岩样 6 不同区域、不同倍数下的 SEM 图像

其中,从部分图像可以看出:

① LA3_A_350:挤压颗粒。

② LA3_C_800:许多石英。

③ LA3_C_3000:大颗粒的黏土矿物。

④ LA3_D_2000:很多类型的孔隙。

⑤ LA3_D_7000:片岩中的孔隙。

(7) 岩样 7(LA2)

对岩样 7(LA2)进行了 SEM 扫描实验,获取了岩样 7 放大 110 倍时的 SEM 图像,进一步获取了岩样 7 不同区域、不同倍数下的 SEM 图像,如图 4-10 所示。

其中,从部分图像可以看出:

① LA2_B_10000:长石形成的孔隙。

② LA2_B_13000:长石。

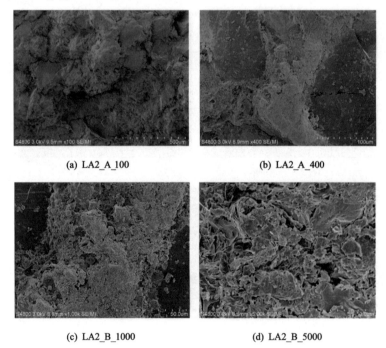

(a) LA2_A_100

(b) LA2_A_400

(c) LA2_B_1000

(d) LA2_B_5000

图 4-10 岩样 7 不同区域、不同倍数下的 SEM 图像

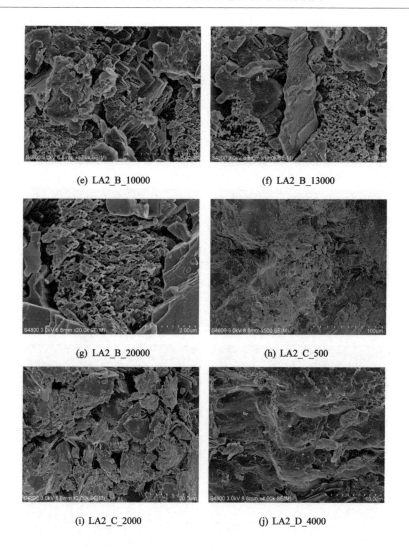

(e) LA2_B_10000　　　　　　　　(f) LA2_B_13000

(g) LA2_B_20000　　　　　　　　(h) LA2_C_500

(i) LA2_C_2000　　　　　　　　(j) LA2_D_4000

图 4-10　（续）

③ LA2_C_2000：破碎的片状颗粒形成的孔隙。

（8）岩样 8(GQ7b)

对岩样 8(GQ7b)进行了 SEM 扫描实验，获取了岩样 8 放大 100 倍时的
SEM 图像(GQ7b_General)，进一步获取了岩样 8 不同区域、不同倍数下的
SEM 图像，如图 4-11 所示。

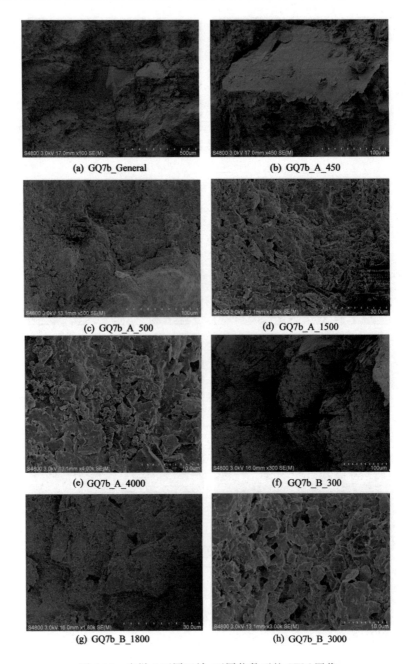

(a) GQ7b_General

(b) GQ7b_A_450

(c) GQ7b_A_500

(d) GQ7b_A_1500

(e) GQ7b_A_4000

(f) GQ7b_B_300

(g) GQ7b_B_1800

(h) GQ7b_B_3000

图 4-11　岩样 8 不同区域、不同倍数下的 SEM 图像

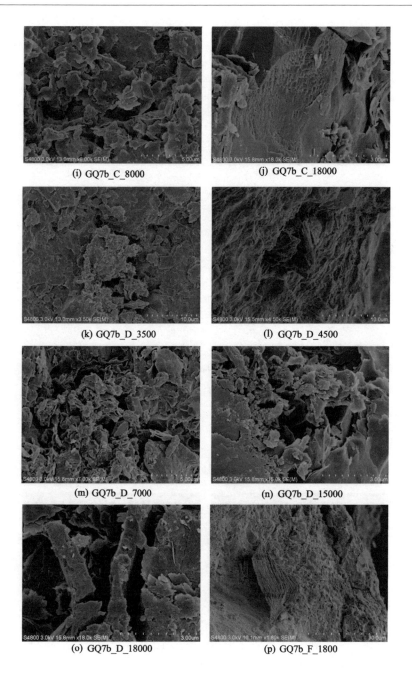

(i) GQ7b_C_8000　　　　　　(j) GQ7b_C_18000

(k) GQ7b_D_3500　　　　　　(l) GQ7b_D_4500

(m) GQ7b_D_7000　　　　　　(n) GQ7b_D_15000

(o) GQ7b_D_18000　　　　　　(p) GQ7b_F_1800

图 4-11　（续）

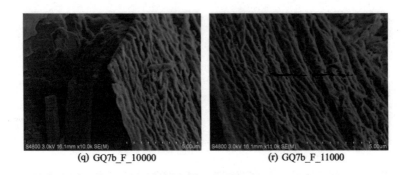

(q) GQ7b_F_10000   (r) GQ7b_F_11000

图 4-11　（续）

其中，从部分图像可以看出：

① GQ7b_C_18000：破碎的长石。

② GQ7b_F_1800：长石。

③ GQ7b_F_10000：高岭石。

（9）岩样 9(GQ5b)

对岩样 9(GQ5b)进行了 SEM 扫描实验，获取了岩样 9 放大 110 倍时的 SEM 图像，进一步获取了岩样 9 不同区域、不同倍数下的 SEM 图像，如图 4-12 所示。

其中，从部分图像可以看出：

① GQ5b_A_220：排列紧密的颗粒。

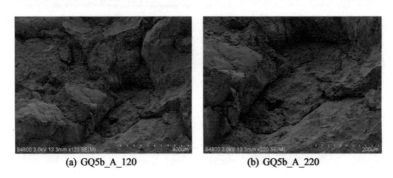

(a) GQ5b_A_120   (b) GQ5b_A_220

图 4-12　岩样 9 不同区域、不同倍数下的 SEM 图像

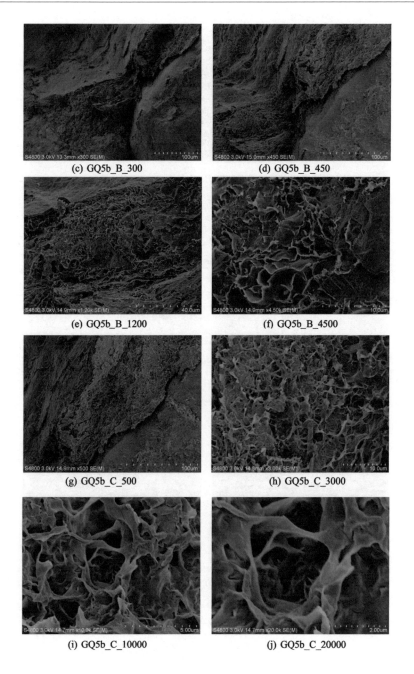

(c) GQ5b_B_300

(d) GQ5b_B_450

(e) GQ5b_B_1200

(f) GQ5b_B_4500

(g) GQ5b_C_500

(h) GQ5b_C_3000

(i) GQ5b_C_10000

(j) GQ5b_C_20000

图 4-12　（续）

(k) GQ5b_D_110

图 4-12 （续）

② GQ5b_B_300：片岩的横截面。

③ GQ5b_B_450：片岩的孔隙。

④ GQ5b_B_1200：变形的片岩。

⑤ GQ5b_B_4500：绢云母。

⑥ GQ5b_D_110：石英颗粒。

（10）岩样 10(GQ5a3)

对岩样 10(GQ5a3)进行了 SEM 扫描实验，获取了岩样 10 放大 110 倍时的 SEM 图像，进一步获取了岩样 10 A 区域不同倍数下的 SEM 图像，如图 4-13 所示。

(a) GQ5a3_A_300　　　　　　　(b) GQ5a3_A_1200

图 4-13　岩样 10 A 区域不同倍数下的 SEM 图像

(c) GQ5a3_A_5000　　　　　　　(d) GQ5a3_A_6000

图 4-13　（续）

其中,从部分图像可以看出:

① GQ5a3_A_1200:大孔隙。

② GQ5a3_A_5000:破碎长石形成的孔隙。

③ GQ5a3_A_6000:长石。

（11）岩样 11(GQ5a2)

对岩样 11(GQ5a2)进行了 SEM 扫描实验,获取了岩样 11 放大 110 倍时的 SEM 图像,进一步获取了岩样 11 不同区域、不同倍数下的 SEM 图像,如图 4-14 所示。

其中,从部分图像可以看出:

① GQ5a2_A_2000:拉伸孔隙。

 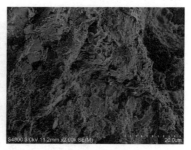

(a) GQ5a2_A_400　　　　　　　(b) GQ5a2_A_2000

图 4-14　岩样 11 不同区域、不同倍数下的 SEM 图像

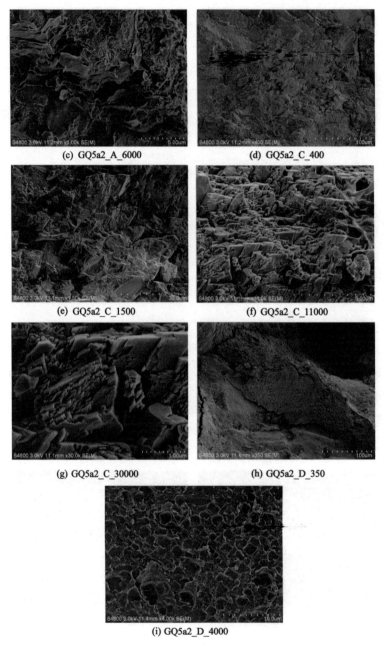

(c) GQ5a2_A_6000

(d) GQ5a2_C_400

(e) GQ5a2_C_1500

(f) GQ5a2_C_11000

(g) GQ5a2_C_30000

(h) GQ5a2_D_350

(i) GQ5a2_D_4000

图 4-14 （续）

②　GQ5a2_A_6000：原始的结构孔隙。

③　GQ5a2_C_400：方解石形成的孔隙。

④　GQ5a2_C_1500：方解石充填的孔隙。

⑤　GQ5a2_C_11000：方解石。

⑥　GQ5a2_C_30000：结晶方解石充填。

（12）　岩样 12(GQ2a)

对岩样 12(GQ2a)进行了 SEM 扫描实验，获取了岩样 12 放大 110 倍时的 SEM 图像，进一步获取了岩样 12 不同区域、不同倍数下的 SEM 图像，如图 4-15 所示。

其中，从部分图像可以看出：

①　GQ2a_A_2500：原始孔隙。

②　GQ2a_A_7000：伊利石花。

(a) GQ2a_A_400　　　　(b) GQ2a_A_1000

(c) GQ2a_A_2500　　　　(d) GQ2a_A_7000

图 4-15　岩样 12 不同区域、不同倍数下的 SEM 图像

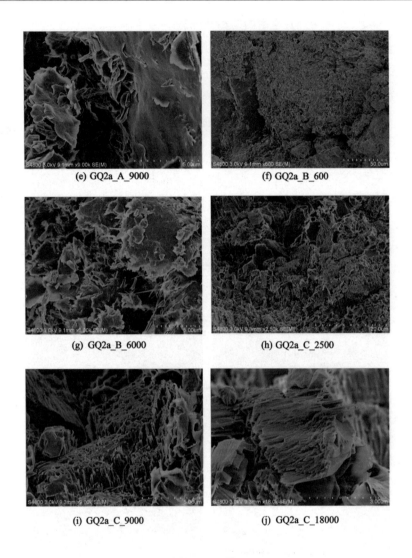

(e) GQ2a_A_9000   (f) GQ2a_B_600

(g) GQ2a_B_6000   (h) GQ2a_C_2500

(i) GQ2a_C_9000   (j) GQ2a_C_18000

图 4-15 （续）

③ GQ2a_A_9000：板状碎片。

④ GQ2a_B_6000：伊利石形成的孔隙。

⑤ GQ2a_C_2500：长石孔隙。

⑥ GQ2a_C_18000：小长石颗粒。

4.3 Photoshop 软件处理图像

4.3.1 图像前期处理

（1）图像处理的第一步就是图像校正，为提高微观孔隙分辨率，裁剪每一张 SEM 图像下方描述该图像的标签和标尺，获得有效研究区域，如图 4-16 所示。应用 Photoshop 软件测量出不同放大倍数下标尺长度所占像素个数，得出每个像素代表的长度，如表 4-1 所列。根据表 4-1 数据，做出放大倍数与每个像素代表的长度之间的关系拟合图（图 4-17），并得出两者之间的换算关系［式(4-1)］。

图 4-16 标签、标尺和裁剪线

表 4-1 不同放大倍数下像素代表长度

放大倍数	像素数	标尺长度/μm	每个像素代表的长度/μm
100	500	500	1.000
110	550	500	0.909
500	500	100	0.200
800	400	50	0.125
1 000	500	50	0.100

表 4-1(续)

放大倍数	像素数	标尺长度/μm	每个像素代表的长度/μm
1 200	480	40	0.083
2 000	400	20	0.050
10 000	500	5	0.010
20 000	400	2	0.005

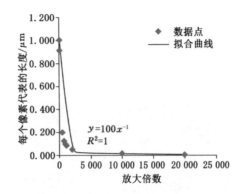

图 4-17　放大倍数与每个像素代表的长度之间的关系拟合图

$$y = 100x^{-1} \tag{4-1}$$

式中　y——每个像素代表的长度;

　　x——放大倍数。

上式拟合较好,相关系数 R^2 为 1。

(2) 应用直方图均衡化对图像灰度初步修正。

(3) 图像降噪,分为以下两种方法:

① 自适应维纳滤波器法。它能根据图像的局部方差来调整滤波器的输出,局部方差越大,滤波器的平滑作用越强。该方法的滤波效果比均值滤波器效果要好,对保留图像的边缘和其他高频部分很有用,不过计算量较大。

② 小波去噪法。这种方法保留了大部分包含 Z 信号的小波系数,因此可以较好地保持图像细节,主要步骤如下:

a. 对图像信号进行小波分解。

b. 对经过层次分解后的高频系数进行阈值量化。

c. 利用二维小波重构图像信号。

d. 减除背景对图像的影响，对图像实现开运算。开运算一般能平滑图像的轮廓，削弱狭窄的部分，去掉细的突出。

4.3.2　图像阈值分割二值化处理

阈值分割法是一种基于区域的图像分割技术，原理是把图像的像素点分为若干类。它是一种传统的最常用的图像分割方法，因实现简单、计算量小、性能较稳定而成为图像分割中最基本和应用最广泛的分割技术，适用于目标和背景占据不同灰度级范围的图像。利用大律法、迭代法、Photoshop 手动法确定阈值的最优值，进而得到最具代表性的二值化 SEM 图像。

大律法，有时也称最大类间方差法，由大律于 1979 年提出，被认为是图像分割中阈值选取的最佳算法，计算简单，不受图像亮度和对比度的影响，因此在数字图像处理上得到了广泛的应用。它是按图像的灰度特性，将图像分成背景和前景两部分。因方差是灰度分布均匀性的一种度量，背景和前景之间的类间方差越大，说明构成图像的两部分的差别越大，当部分前景错分为背景或部分背景错分为前景都会导致两部分差别变小。因此，使类间方差最大的分割意味着错分概率最小。

迭代法适用于直方图双峰明显，谷底较深的图像，可以较快地获得满意结果。但是对于直方图双峰不明显，或图像目标和背景比例差异悬殊的图像，迭代法所选取的阈值不如大律法。

Photoshop 手动法也是较为常用的一种确定最优阈值的方法。在 Photoshop 软件中调整阈值，因图像呈单峰直方图样，利用手动设定阈值，实现图像二值化处理，确定了阈值的 SEM 图像就转化为研究所需的二值化图像，即得到了最具代表性的二值化 SEM 图像，如图 4-18 所示。

在实验过程中发现，针对本实验所选择的图像来说，这几种方法各有所长，对不同的图像都有自己的优势，因此在阈值的选取过程中要利用多种方法结合的方式，可使所得数据更加准确。三种方法处理效果对比如图 4-19 所示。

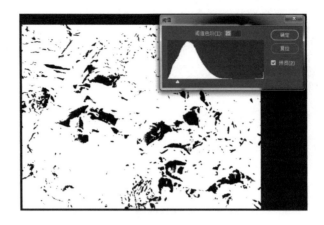

图 4-18　二值化图像处理效果图

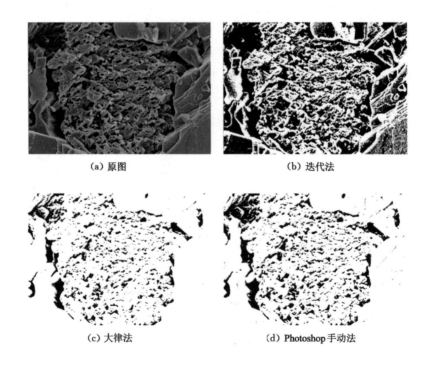

(a) 原图　　　　　　　　　　　　　　(b) 迭代法

(c) 大律法　　　　　　　　　(d) Photoshop 手动法

图 4-19　不同图像处理方法处理效果对比图

4.4　Image-Pro Plus 提取 SEM 图像参数

　　Image-Pro Plus 是一款功能强大且易于操作的图像处理软件,包含了丰富的测量工具和图像增强功能,其中染色、不规则区域计数、矫正标尺、几何测量等功能在本实验中得到了充分的应用。

　　利用 Image-Pro Plus 处理 SEM 图像,先对图像进行降噪(图 4-20),即将面积小于 10 μm^2 的图像清除掉,然后测量 SEM 图像中孔隙的“面积(Area)”与“周长(Perimeter)”等参数(图 4-21),再将测量数据导出至 Excel 软件中进行统计与分析,绘制孔隙面积(大于 10 μm^2)与周长函数曲线,并通过多种数学方式计算得到二者之间的分形维数。

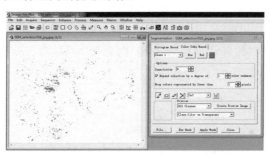

图 4-20　Image-Pro Plus 图像降噪处理

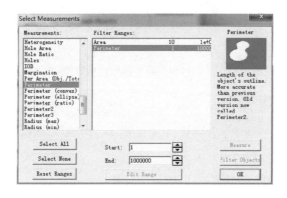

图 4-21　Image-Pro Plus 参数提取步骤

4.5 基于分形理论预测渗透率

分形是指具有自相似性的几何图形或数学对象,它们在任何缩放下都具有相似的结构。岩石作为一种典型的多孔介质,其成分、孔隙、迂曲度等都具有随机性、不确定性的特点,但在特定的尺度下都展现出一定的自相似的特点。因此利用分形理论计算砂岩内部孔隙与渗透率的关系成为近些年来普遍的方法。

4.5.1 利用"小岛法"求分形维数及预测渗透率

小岛法是一种分形生成算法,用于模拟自然地理特征,如海岸线、湖泊、山脉等,可以根据周长和面积或者表面积和体积计算分形维数。以岩样 GQ7b 为例,应用 Image-Pro Plus 软件得出的孔隙截面"面积(Area)"和"周长(Perimeter)"数值,并以周长为 y 轴、面积为 x 轴,绘制孔隙截面周长与面积的函数拟合曲线,如图 4-22 所示。

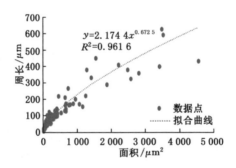

图 4-22 孔隙截面周长与面积的函数拟合曲线

从图 4-22 可知,拟合时 $R^2 = 0.9616$,接近 1,说明拟合效果较好。拟合公式为 $y = mx^{D/2}$,其中 y 为周长,x 为面积,m 为分形系数(n)的倒数,D 为小岛法求出的分形维数。

通过分形系数、分形维数、面积可以计算出渗透率:

$$k = \frac{2\pi \, n^4 \sum_{i=1}^{a} A_i^{4-2D}}{A_k} \tag{4-2}$$

式中　k——渗透率；

　　　n——分形系数；

　　　A_i——单个孔隙的面积；

　　　A_k——SEM 图像有效总面积；

　　　a——扫描区域 A_k 内的孔隙数目；

　　　D——分形维数。

根据渗透系数与渗透率的关系可以计算出渗透系数：

$$K = \frac{\rho g}{\mu} k \tag{4-3}$$

式中　K——渗透系数；

　　　ρ——流体密度；

　　　g——重力加速度；

　　　μ——流体动力黏滞系数。

以葛泉矿、潞安高河矿、马兰矿和屯兰矿为例分别进行研究，选取典型砂岩作为实验标本。标本经前期处理后进行 SEM 扫描实验并得出 SEM 图像，以研究其微观孔隙分形特征与宏观渗透率。其中：图像前期预处理采用 Photoshop 和 MATLAB 软件相结合的方式；图像信息提取应用 Image-Pro Plus 软件；孔隙的微观渗透性能表达参数选择渗透率计算公式[式(4-2)]。

下面以 GQ7b_D_15000 图像为例简要介绍计算过程。

（1）图像裁剪

首先根据式(4-1)计算出每个像素所代表的长度，再裁去图像下方的标签和标尺，如图 4-23 所示。

（2）二值化

由于此类 SEM 图像并非双峰明显的直方图，故不适用于迭代法。因此借助 MATLAB 软件采用大律法来计算选取最合适的阈值对图像进行二值化，如图 4-24 所示。

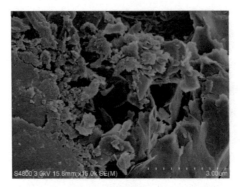

（a）裁剪前

（b）裁剪后

图 4-23　裁剪前后对比图

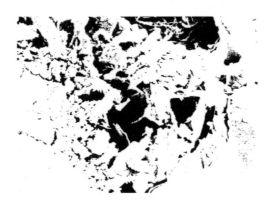

图 4-24　裁剪后的图像二值化

（3）提取参数

提取参数可借助 Image-Pro Plus 软件完成，操作过程如下：

① 把二值化后的图像直接在 Image-Pro Plus 软件中打开，依次点击"测量（Measure）""计数/尺寸（Count/Size）"，进入计数选择界面，如图 4-25 所示。

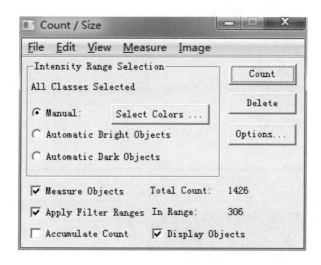

图 4-25　计数选择界面

② 在测量工具中选择需要测量的参数："面积（Area）"和"周长（Perimeter）"。

③ 在选择测量面积时有两种方式：第一种是首先可以直接选取二值化图像中的黑色部分，然后用"橡皮"工具修改删除明显不是孔隙的部分以提高测量精度（图 4-26）；第二种是直接调用仅仅经过裁剪但未二值化的灰度图像，用"染色"功能分块选取目标区域，再用"橡皮"工具修改多余部分（图 4-27）。第一种方式的优点是多数的步骤是经计算机计算的结果，易于大批量地操作；第二种方式的优点是目标区域的选取更准确、精度更高。

④ 把计算后的数据通过 Excel 软件导出，并以孔隙截面面积为 x 轴，孔隙截面周长为 y 轴做函数拟合（图 4-22），拟合公式如下：

$$y = 2.174\,4x^{0.672\,5} \tag{4-4}$$

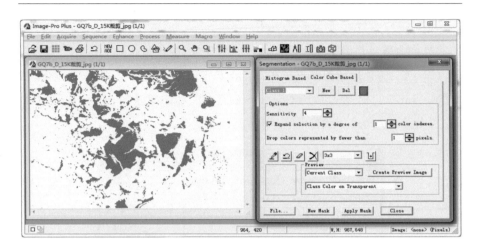

图 4-26 直接选取二值化图像测量面积

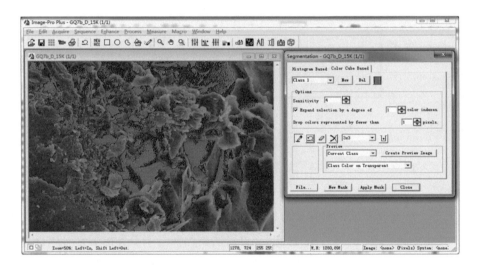

图 4-27 直接调用未二值化的灰度图像测量面积

由以上公式计算可得,GQ7b_D_15000 图像中分形维数为 $2\times0.672\ 5=$ 1.345,分形系数为 1/2.174 4,将其代入式(4-2)中得到渗透率为 0.029 384 mD。按照以上方式依次处理其他图像,得到相应拟合公式及渗透率计算结果,如表 4-2 所列。

表 4-2　各图像中拟合公式及渗透率计算结果(小岛法)

序号	图像名称	公式	R^2	分形维数	渗透率/mD
1	GQ2a_C_9000	$y = 2.155\ 9x^{0.673\ 1}$	0.952 3	2×0.673 1	0.045 738
2	GQ7b_A_500	$y = 1.595\ 5x^{0.761\ 2}$	0.914 5	2×0.761 2	0.004 470
3	GQ7b_A_4000	$y = 1.964\ 9x^{0.695\ 9}$	0.949 8	2×0.695 9	0.025 155
4	GQ7b_B_1800	$y = 1.717\ 9x^{0.745\ 5}$	0.922 4	2×0.745 5	0.015 147
5	GQ7b_C_8000	$y = 2.164\ 9x^{0.689\ 6}$	0.953 3	2×0.689 6	0.035 976
6	GQ7b_D_3500	$y = 1.985\ 7x^{0.698\ 6}$	0.956 8	2×0.698 6	0.030 191
7	GQ7b_D_7000	$y = 2.031\ 8x^{0.684\ 1}$	0.960 7	2×0.684 1	0.044 814
8	GQ7b_D_15000	$y = 2.174\ 4x^{0.672\ 5}$	0.961 6	2×0.672 5	0.029 384
9	LA2_B_1000	$y = 1.906\ 9x^{0.717\ 4}$	0.891 0	2×0.717 4	0.018 681
10	LA2_B_5000	$y = 1.835\ 9x^{0.717\ 7}$	0.957 2	2×0.717 7	0.056 946
11	LA2_B_10000	$y = 1.890\ 2x^{0.724\ 8}$	0.946 1	2×0.724 8	0.036 052
12	LA2_B_13000	$y = 1.760\ 3x^{0.729\ 6}$	0.949 8	2×0.729 6	0.036 517
13	LA2_B_20000	$y = 1.867\ 5x^{0.698\ 3}$	0.963 6	2×0.698 3	0.049 822
14	LA2_C_500	$y = 1.815\ 6x^{0.743\ 7}$	0.916 9	2×0.743 7	0.020 307
15	LA2_C_2000	$y = 2.068\ 2x^{0.700\ 4}$	0.947 0	2×0.700 4	0.027 617
16	LA3_A_60	$y = 1.906\ 9x^{0.724\ 7}$	0.931 1	2×0.724 7	0.015 857
17	LA3_A_350	$y = 1.705\ 0x^{0.766\ 9}$	0.900 7	2×0.766 9	0.011 663
18	LA3_D_2000	$y = 1.793\ 2x^{0.749\ 6}$	0.895 3	2×0.749 6	0.012 565
19	LA3_D_7000	$y = 1.798\ 8x^{0.738\ 3}$	0.945 4	2×0.738 3	0.024 577
20	LA5_A_450	$y = 1.446\ 5x^{0.820\ 2}$	0.875 3	2×0.820 2	0.018 471
21	LA5_A_2000	$y = 1.699\ 2x^{0.756\ 2}$	0.934 5	2×0.756 2	0.029 357
22	LA5_A_4000	$y = 1.711\ 5x^{0.745\ 7}$	0.940 0	2×0.745 7	0.034 057
23	LA5_A_9000	$y = 1.898\ 1x^{0.711\ 1}$	0.955 8	2×0.711 1	0.047 246
24	LA5_A_13000	$y = 1.981\ 8x^{0.698\ 8}$	0.955 9	2×0.698 8	0.051 332
25	LA5_B_450	$y = 1.667\ 6x^{0.760\ 4}$	0.947 0	2×0.760 4	0.023 310
26	LA5_B_3000	$y = 1.933\ 3x^{0.708\ 4}$	0.963 2	2×0.708 4	0.064 618

表 4-2(续)

序号	图像名称	公式	R^2	分形维数	渗透率/mD
27	ML1_C_9000	$y=2.045\ 0x^{0.709\ 1}$	0.957 3	$2\times0.709\ 1$	0.054 642
28	TL1b_B_400	$y=1.542\ 0x^{0.791\ 5}$	0.906 8	$2\times0.791\ 5$	0.025 277
29	TL1b_B_4000	$y=1.882\ 4x^{0.717\ 2}$	0.939 4	$2\times0.717\ 2$	0.039 526
30	TL1b_B_15000	$y=1.925\ 0x^{0.711\ 3}$	0.946 3	$2\times0.711\ 3$	0.041 635
31	TL2_A_40	$y=1.625\ 0x^{0.789\ 5}$	0.882 5	$2\times0.789\ 5$	0.019 033
32	TL2_A_220	$y=1.619\ 8x^{0.773\ 7}$	0.912 8	$2\times0.773\ 7$	0.025 901
33	TL2_A_400	$y=1.792\ 7x^{0.734\ 8}$	0.958 0	$2\times0.734\ 8$	0.043 630
34	TL2_A_2000	$y=2.088\ 1x^{0.689\ 0}$	0.957 8	$2\times0.689\ 0$	0.077 360
35	TL2_C_220	$y=1.994\ 4x^{0.725\ 1}$	0.907 3	$2\times0.725\ 1$	0.034 797
36	TL2_C_600	$y=1.592\ 9x^{0.758\ 4}$	0.958 4	$2\times0.758\ 4$	0.059 935

进一步探究模型中渗透率与分形维数的相关性,以分形维数为 x 轴,渗透率为 y 轴,建立直角坐标系,做出散点图,如图 4-28 所示。

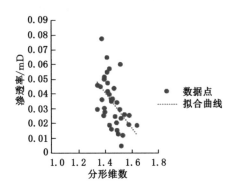

图 4-28 渗透率与分形维数的散点图(小岛法)

由上图可知,数据散点相对比较聚集,两者关系难以准确确定。将数据导入 SPSS 软件中进行线性相关性分析,分析结果如表 4-3 和表 4-4 所列。

表 4-3　变异数线性回归分析表（渗透率与分形维数）

模型		平方和	自由度	平均值平方	方差检验值	显著性
1	回归	0.003	1	0.003	12.146	0.001
	残差	0.007	34	0.000		
	总计	0.010	35			

表 4-4　线性回归分析的系数（渗透率与分形维数）

模型		非标准化系数		标准化系数	显著性检验值	显著性
		回归系数	标准误差			
1	（常数）	0.212	0.051		4.152	0.000
	分形维数	−0.122	0.035	−0.513	−3.485	0.001

由上述两表可知，其中显著性均较小，方差检验值为 12.146，表示其显著性较好，相关性较强，因此得到渗透率与分形维数的关系式为：

$$y = -0.122x + 0.212 \tag{4-5}$$

式中　y——渗透率；

　　　x——分形维数。

由上式可知渗透率与分形维数呈负相关关系。分析其原因为：当分形维数越大时，其自相似性越好，导致其内部结构更加复杂，更多细小的孔隙不足以支持液体通过。

总结以上数据可知：得出的有效数据中函数拟合的相关系数 R^2 均大于 0.87，说明拟合结果较好；分形维数均小于 1.7 且大于 1.3，说明在一定尺度内砂岩的孔隙周长和面积具有一定意义上的分形结构；由计算所得结果可知，渗透率均小于 0.1 mD，根据渗透率分级表（表 4-5），渗透率分级属于特低。

表 4-5 渗透率分级表

级别	渗透率/mD
特高	＞2 000
高	500～2 000
中	100～500
低	10～100
特低	＜10

为探究数学模型计算的渗透率理论值与真实值之间的相关性,对渗透率理论值与真实值进行对比以得到其相关性并分析原因,最后得到与真实渗透率最为接近的数学模型。

以渗透率计算结果为理论值、室内仪器测量的结果为真实值(表 2-1),经对比分析,汇总数据如表 4-6 所列。

表 4-6 渗透率理论值与真实值部分对比分析汇总(小岛法)

序号	图像名称	放大倍数	分形维数	渗透率理论值/mD	渗透率真实值/mD	理论值与真实值误差/%
1	GQ2a_C_9000	9 000	1.346 2	0.045 738	0.006 6	593.00
2	GQ7b_B_1800	1 800	1.491 0	0.015 147	0.006 9	119.52
3	LA2_B_1000	1 000	1.434 8	0.018 681	0.011 2	66.79
4	LA3_A_350	350	1.533 8	0.011 663	0.006 9	69.03
5	LA5_B_3000	3 000	1.416 8	0.064 618	0.069 5	−7.02
6	ML1_C_9000	9 000	1.418 2	0.054 642	0.006 6	727.91
7	TL1b_B_400	400	1.583 0	0.025 277	0.005 2	386.10
8	TL2_A_2000	2 000	1.378 0	0.077 360	0.087 0	−11.08
9	TL2_C_220	220	1.450 2	0.034 797	0.087 0	−60.00

在通常情况下,在只考虑二维结构的分形维数时其分形维数范围应该在 1 到 2 之间,由表 4-6 可知其分形维数范围符合要求。但渗透率的理论值与

真实值误差不稳定,最高可达 7 倍以上,并且不能观察出一定的规律。为探究渗透率理论值与渗透率真实值之间的关系,现加入另一影响参数——放大倍数,以探究其相互之间的关系。将数据导入 SPSS 软件中进行多种相关性分析,发现在线性相关时拟合效果最好,分析结果如表 4-7 和表 4-8 所列。

表 4-7　变异数线性回归分析表(渗透率真实值与渗透率理论值和放大倍数)

	模型	平方和	自由度	平均值平方	方差检验值	显著性
1	回归	0.007	2	0.004	8.867	0.006
	残差	0.004	10	0.000		
	总计	0.011	12			

表 4-8　线性回归分析的系数(渗透率真实值与渗透率理论值和放大倍数)

	模型	非标准化系数		标准化系数	显著性检验值	显著性
		回归系数	标准误差			
1	(常数)	0.001	0.011		0.131	0.019
	放大倍数	$-0.000\,003$	0.000	-0.468	-2.381	0.009
	渗透率理论值	1.120	0.283	0.779	3.966	0.003

由上述两表可知,其中显著性也均较小,方差检验值为 8.867,表明其显著性较好,该拟合方程相关性较强,因此得到渗透率真实值与渗透率理论值和放大倍数的关系式为:

$$y = -0.000\,003a + 1.120b + 0.001 \tag{4-6}$$

式中　y——渗透率真实值;

　　　a——放大倍数;

　　　b——渗透率理论值。

4.5.2　利用“盒计数法”求分形维数及计算渗透率

分形介质是指该介质的微结构如孔隙大小分布或颗粒大小分布在一定的尺度范围内、在统计上满足分形标度律:

$$M(L) \sim L^D \tag{4-7}$$

式中　D——分形维数；

　　　$M(L)$——物体的质量、体积、面积或曲线的长度；

　　　L——尺度。

分形"盒计数法"是将分形对象覆盖在一个或多个盒子中来实现的。具体来说，可以将一个分形对象用越来越小的正方形或立方体盒子进行覆盖，然后测量所需的盒子数量与盒子大小的关系。分形盒维数通常用下面的公式来表示：

$$D_f = \lim_{\varepsilon \to 0} \frac{\log N(\varepsilon)}{\log(1/\varepsilon)} \tag{4-8}$$

式中　D_f——分形盒维数；

　　　$N(\varepsilon)$——需要覆盖分形对象的盒子数量；

　　　ε——盒子的尺寸。

分形盒维数可以帮助我们理解分形对象的几何结构，以及它们的自相似性程度。不同的分形对象具有不同的分形盒维数，这可以用来比较它们之间的复杂性和维度。

已有大量文献表明砂岩具有分形特征，所以分形理论与方法能被用来描述砂岩多孔介质输运性质。通常砂岩孔隙中水体渗流的物理模型选用不等径的毛束管模型，结合分形理论（分形维数采用盒维数）可以计算出渗透率：

$$k = \frac{\varphi}{8\,\tau^2}\, r_m^2 \left(\frac{3 - D_f}{5 - D_f}\right)\left(\frac{1 - \lambda^{5 - D_f}}{1 - \lambda^{3 - D_f}}\right) \tag{4-9}$$

$$\varphi = \frac{N D_f}{3 - D_f}\frac{1}{r_m^3}\left(\frac{1 - \lambda^{3 - D_f}}{\lambda^{-D_f} - 1}\right) \tag{4-10}$$

式中　φ——孔隙度；

　　　N——孔隙总数；

　　　D_f——分形盒维数；

　　　r_m——最大孔径；

　　　λ——最小孔径 r_0 与最大孔径 r_m 的比值；

　　　k——渗透率；

　　　τ——砂岩多孔介质毛细管的平均迂曲度。

由于本次研究对象为砂岩 SEM 图像，r_0 最小值为 1 像素，即 $\lambda = 1/r_{\mathrm{m}}$，且 SEM 图像为平面图像，$\tau$ 近似于 1，则式(4-9)可以改写为：

$$k = \frac{\varphi}{8}\, r_{\mathrm{m}}^2 \left(\frac{3 - D_{\mathrm{f}}}{5 - D_{\mathrm{f}}}\right) \left[\frac{1 - \left(\dfrac{1}{r_{\mathrm{m}}}\right)^{5 - D_{\mathrm{f}}}}{1 - \left(\dfrac{1}{r_{\mathrm{m}}}\right)^{3 - D_{\mathrm{f}}}}\right] \tag{4-11}$$

根据渗透系数与渗透率的关系式[式(4-3)]可以计算出渗透系数。

同样以葛泉矿、潞安高河矿、马兰矿和屯兰矿的 SEM 图像为研究对象，探究其微观孔隙半径和宏观渗透率的关联性。

将已经提取过的 SEM 图像的参数信息代入式(4-10)和式(4-11)中，得出渗透率，如表 4-9 所列。

表 4-9　各图像中渗透率计算结果(盒计数法)

序号	图像名称	分形维数	最大孔隙半径/μm	渗透率/mD
1	GQ2a_C_9000	1.406 334	38.757 56	0.678 335
2	GQ7b_A_500	1.651 193	7.858 37	0.049 064
3	GQ7b_A_4000	1.622 637	28.801 74	0.908 962
4	GQ7b_B_1800	1.298 000	22.931 71	0.294 614
5	GQ7b_C_8000	1.130 905	64.545 82	0.434 642
6	GQ7b_D_3500	1.528 762	34.476 14	0.385 930
7	GQ7b_D_7000	1.027 325	49.854 16	0.127 840
8	GQ7b_D_15000	1.656 007	38.048 86	0.520 388
9	LA2_B_1000	1.160 390	9.097 42	0.003 528
10	LA2_B_5000	1.917 092	51.524 58	0.165 781
11	LA2_B_10000	1.717 821	54.426 82	0.236 927
12	LA2_B_13000	1.674 217	38.941 92	0.133 364
13	LA2_B_20000	1.255 979	65.919 47	0.539 370
14	LA2_C_500	1.100 274	26.081 57	0.009 798
15	LA2_C_2000	1.574 006	43.618 74	0.182 735

表 4-9(续)

序号	图像名称	分形维数	最大孔隙半径/μm	渗透率/mD
16	LA3_A_60	1.077 478	29.667 37	0.051 586
17	LA3_A_350	1.729 108	29.667 37	0.015 813
18	LA3_D_2000	1.528 217	29.667 37	0.021 854
19	LA3_D_7000	1.127 611	23.262 48	0.035 352
20	LA5_A_450	1.615 075	17.796 84	0.022 018
21	LA5_A_2000	1.486 996	22.047 08	0.071 012
22	LA5_A_4000	1.191 172	22.262 59	0.106 458
23	LA5_A_9000	1.543 051	33.220 67	0.447 253
24	LA5_A_13000	1.309 328	43.797 17	0.984 784
25	LA5_B_450	1.171 063	34.048 77	0.815 104
26	LA5_B_3000	1.841 547	166.739 30	0.774 950
27	ML1_C_9000	1.879 025	68.102 22	0.902 916
28	TL1b_B_400	1.225 690	43.090 10	0.197 156
29	TL1b_B_4000	1.626 615	45.410 05	0.667 159
30	TL1b_B_15000	1.560 841	45.012 24	0.745 922
31	TL2_A_40	1.117 419	17.796 84	0.007 388
32	TL2_A_220	1.797 460	17.796 84	0.010 068
33	TL2_A_400	1.255 681	72.916 99	0.556 567
34	TL2_A_2000	1.118 585	137.594 90	0.361 623
35	TL2_C_220	1.936 472	27.338 46	0.028 298
36	TL2_C_600	1.886 686	52.887 35	0.388 159

由上表可知:分形维数计算结果范围为 1.0～2.0,说明砂岩当量半径与宏观渗透率具有一定意义上的自相似性;渗透率均小于 1 mD,根据渗透率分级表(表 4-5),渗透率分级为特低。

为进一步研究渗透率与分形维数、最大孔隙半径的相关性:以分形维数

为 x 轴,渗透率为 y 轴,建立直角坐标系,做出散点图,如图 4-29 所示;以最大孔隙半径为 x 轴,渗透率为 y 轴,建立直角坐标系,做出散点图,如图 4-30 所示。

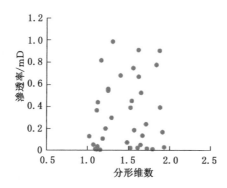

图 4-29　渗透率与分形维数的散点图(盒计数法)

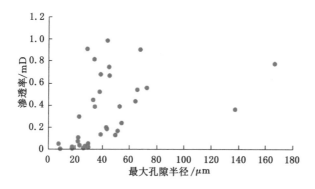

图 4-30　渗透率与最大孔隙半径的散点图(盒计数法)

由图 4-29 可明显看出,数据散点相对较为密集且无明显趋势,尝试指数、线性、对数、多项式、幂函数等多种拟合方式,其相关系数 R^2 均小于 0.5,说明二者不具备显著的相关性。图 4-30 中数据散点相对较为分散,渗透率与最大孔隙半径的关系难以准确确定,故将其数据导入 SPSS 软件中进行多种相关性分析,发现只有在线性相关时拟合效果最好,分析结果如表 4-10 和

表 4-11 所列。

表 4-10　变异数线性回归分析表（渗透率与最大孔隙半径）

模型		平方和	自由度	平均值平方	方差检验值	显著性
1	回归	0.674	1	0.674	8.388	0.007
	残差	2.734	34	0.080		
	总计	3.408	35			

表 4-11　线性回归分析的系数（渗透率与最大孔隙半径）

模型		非标准化系数		标准化系数	显著性检验值	显著性
		回归系数	标准误差			
1	（常数）	0.140	0.081		1.722	0.094
	最大孔隙半径	0.004	0.002	0.445	2.896	0.007

由上述两表可知,其中显著性均较小,方差检验值为 8.388,表示其显著性较好,相关性较强,因此得到渗透率与最大孔隙半径的关系式为：

$$y = 0.004x + 0.140 \qquad (4\text{-}12)$$

式中　y——渗透率；

　　　x——最大孔隙半径。

由上式可知渗透率与最大孔隙半径呈正相关关系。分析其原因为：当每张 SEM 图像的单个孔隙半径越大时,其孔隙度自然相对较高,在同等情况下孔隙度越大其渗透率就相对较高。

根据上文研究成果,渗透率与分形维数呈线性负相关关系,而渗透率与最大孔隙半径呈线性正相关关系,现探究渗透率与分形维数和最大孔隙半径两个因素的相关性,将数据导入 SPSS 软件中,并采用线性回归的分析方式,结果如表 4-12 所列。

表 4-12　线性回归分析的系数（渗透率与分形维数和最大孔隙半径）

模型		非标准化系数		标准化系数	显著性检验值	显著性
		回归系数	标准误差			
1	（常数）	−0.085	0.427		−0.199	0.843
	分形维数	0.092	0.172	0.083	0.536	0.596
	最大孔隙半径	0.004	0.002	0.438	2.808	0.008

由上表可知，常数和分形维数的显著性均较大，因此拟合效果不明显，不具有线性关系。现决定采用多元线性回归方程中逐步回归的方式排除非显著项，结果如表 4-13～表 4-15 所列。

表 4-13　变异数逐步回归分析表（渗透率与分形维数和最大孔隙半径）

模型		平方和	自由度	平均值平方	方差检验值	显著性
1	回归	0.674	1	0.674	8.388	0.007
	残差	2.734	34	0.080		
	总计	3.408	35			

表 4-14　逐步回归分析的系数（渗透率与分形维数和最大孔隙半径）

模型		非标准化系数		标准化系数	显著性检验值	显著性
		回归系数	标准误差			
1	（常数）	0.140	0.081		1.722	0.094
	最大孔隙半径	0.004	0.002	0.445	2.896	0.007

表 4-15　逐步回归分析排除的变量（渗透率与分形维数和最大孔隙半径）

模型		输入的标准化系数	显著性检验值	显著性	偏相关	共线性统计数据 允差
1	分形维数	0.083	0.536	0.596	0.093	0.992

由表 4-13～表 4-15 可知,排除的非显著变量为分形维数,最大孔隙半径和常数的显著性小且方差检验值较大,得出了与式(4-12)一致的渗透率与最大孔隙半径之间的关系式。

为探究渗透率理论值与真实值之间的相关性,以渗透率计算结果为理论值、室内仪器测量的结果为真实值(表 2-1),经对比分析,汇总数据如表 4-16 所列。

表 4-16   渗透率理论值与真实值部分对比分析汇总(盒计数法)

序号	图像名称	放大倍数	分形维数	渗透率理论值/mD	渗透率真实值/mD	理论值与真实值误差/%
1	GQ2a_C_9000	9 000	1.406 334	0.678 335	0.006 6	10 177.80
2	GQ7b_D_7000	7 000	1.027 325	0.127 840	0.006 9	1 752.75
3	LA2_C_500	500	1.100 274	0.009 798	0.011 2	−12.52
4	LA3_A_350	350	1.729 108	0.015 813	0.006 9	129.17
5	LA5_A_2000	2 000	1.486 996	0.071 012	0.069 5	2.18
6	ML1_C_9000	9 000	1.879 025	0.902 916	0.006 6	13 580.55
7	TL1b_B_400	400	1.225 690	0.197 156	0.005 2	3 691.46
8	TL2_A_220	220	1.797 460	0.010 068	0.087 0	−88.43
9	TL2_C_220	220	1.936 472	0.028 298	0.087 0	−67.47

由表 4-16 可知,分形维数符合大于 1 小于 2 的要求,但渗透率的理论值与真实值之间误差过大,因此该数学模型的适用性有待进一步论证。

为检验该模型的准确性,同时探究渗透率真实值与渗透率理论值之间的关系,同样也加入另一影响参数——放大倍数,以探究其相互之间的关系。将数据导入 SPSS 软件中进行多种相关性分析,发现在线性相关时拟合效果最好,分析结果如表 4-17 和表 4-18 所列。

表 4-17　变异数线性回归分析表(渗透率真实值与渗透率理论值和放大倍数)

模型		平方和	自由度	平均值平方	方差检验值	显著性
1	回归	0.001	2	0.000	0.552	0.592
	残差	0.008	10	0.001		
	总计	0.009	12			

表 4-18　线性回归分析的系数(渗透率真实值与渗透率理论值和放大倍数)

模型		非标准化系数		标准化系数	显著性检验值	显著性
		回归系数	标准误差			
1	(常数)	0.029	0.011		2.705	0.022
	放大倍数	-7.824×10^{-7}	0.000	-0.141	-0.293	0.776
	渗透率理论值	-0.017	0.044	-0.193	-0.400	0.698

由上述两表可知,显著性均较大,显然其拟合关系不理想,且放大倍数的系数数量级为 10^{-7},因此对函数的影响在此处可以忽略。现用逐步回归的方式排除不显著因素,计算结果如表 4-19 所列,显然可见渗透率真实值与渗透率理论值之间的关系依然不显著。

表 4-19　逐步回归分析的系数(渗透率真实值与渗透率理论值)

模型		非标准化系数		标准化系数	显著性检验值	显著性
		回归系数	标准误差			
1	(常数)	0.029	0.010		2.829	0.016
	渗透率理论值	-0.027	0.026	-0.303	-1.054	0.315

4.6 实验结论及发现的问题

4.6.1 实验结论

实验选取华北型煤田 4 个矿井的主采工作面顶板砂岩作为研究对象，探究其微观尺度孔隙分形参数与宏观尺度渗透率的关系。在搜集了详尽的资料和大量的野外实践的基础上，应用多种计算机软件探究了更加准确的 SEM 图像预处理方式，建立了两套计算渗透率的数学模型，并通过与渗透率的真实值进行对比，验证了"小岛法"模型的准确性以及论证了"盒计数法"模型的实用性，得到主要结论如下：

（1）经过多方面验证，本次所选用的砂岩岩芯样品的孔隙度和渗透率极低。

（2）"小岛法"模型中渗透率理论值与真实值的相关性较强，在一定的条件下是具有正确性的，具有一定的现实意义，可对煤矿防治水工作提供定量和定性的帮助。

（3）"盒计数法"模型虽不能准确地对渗透率进行定量，但可以辅助"小岛法"进行渗透率分级上的定性分析。"盒计数法"模型并非错误模型，误差过大是由于渗透率真实值过小，即使是几十甚至上百倍的误差，渗透率理论值的最大值也小于 1 mD。因此该模型虽不可准确地对渗透率进行定量，但在研究目标为砂岩时可以对其进行渗透率分级上的定性，对工程实践同样具有一定的指导意义。

（4）此次实验标本选取目标多、范围广，在所有的岩芯样品中，无论是渗透率理论值还是真实值，其取值范围均小于 0.1 mD。因此在实际工程中当工作面顶板为致密砂岩时，其防治水工作的重心不应为顶板砂岩纵向的渗透性。

4.6.2 发现的问题

（1）由于渗透率理论值是使用 SEM 图像的孔隙特征参数计算所得，真实值则是直接对小尺寸岩芯进行测试所得，两组数据不是来源于同一尺度下的测试结果，数据受实验过程中各种因素的影响比较严重。

（2）法国 Coreval 700 覆压孔渗仪检测时使用氮气作为检测气体，但在实际应用中考虑的是水的渗透率，当在孔隙微小、渗透率很低时，测试结果会有误差，并且在渗透率很低时最大误差可达数十倍 。

（3）建立两个模型时只考虑二维层面，未考虑在三维层面中孔隙的连通问题，因此渗透率的真实值与理论值之间推导关系的精确度有待进一步改善。

第5章 低渗砂岩数字岩芯三维 CT 扫描实验研究

研究砂岩的孔隙结构是分析其渗透特性的重要环节,采用 CT 扫描技术对岩芯样品没有损伤,而且测量速度快,借助 Avizo 软件则能直观地显示出样品的三维孔隙结构和相关参数,将二者结合分析砂岩的孔隙特性,更能清晰地表示出砂岩的微观结构。

5.1 CT 扫描及数据重建

5.1.1 岩样制备

在岩样制备过程中,首先通过标准型钻机得到直径为 5 cm 的岩芯柱,然后对岩芯柱取边长约为 1 cm 的方形岩样,并用打磨机打磨。在制备好的岩样中随机选取部分岩样进行 CT 扫描。为了使岩样在扫描时保持平稳,将岩样的一端固定在棉签上(图 5-1),这样既可以尽量缩短 X 射线源与样品台之间的距离,又能保证 X 射线源在推进的过程中不会触碰到样品台,降低仪器受损的风险。

5.1.2 实验仪器

工业微米级 CT 扫描技术是一种通过 X 射线成像原理,在不破坏样品的前提下,全方位同时获取样品的外观形态和内部结构的信息,并且可以实现

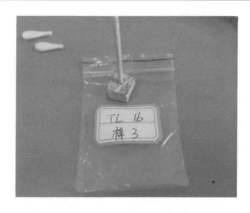

图 5-1　制备岩样

形态和内部结构的三维可视化的技术。在岩石领域的 CT 扫描仪主要分为两种,一种是台式微米级 CT 扫描仪,另一种是同步加速微米级 CT 扫描仪。本书使用的是台式微米级 CT 扫描仪,如图 5-2 所示。

图 5-2　台式微米级 CT 扫描仪

5.1.3　CT 扫描及数据重建过程

(1) 将岩样制作完成(将岩样边长控制在 1 cm 左右),并选取相应的夹持器,打开 CT 扫描仪舱门,将岩样平稳地放在样品台上,关闭舱门,开启仪器自检模式,自检通过后,进行 CT 扫描仪预热。

(2) 根据 CT 扫描仪的操作步骤及调试要求,将 X 射线源与样品台保持一定距离,并控制样品成像区的区域计数。

（3）为了避免扫描过程中样品台旋转导致岩样偏移出显示屏内的样品区，需要将 X 射线源尽量靠近样品台，但不要靠太近，防止对样品台造成损伤，然后对样品台的 x、y、z 三个方向进行调节，直到岩样在样品台内可以平稳旋转一周且不超出样品区时，则开始进行 CT 扫描。在扫描过程中，X 射线会穿过岩样并发生一定量的衰减，衰减后的 X 射线被接收屏捕捉并转换为信号传入外接计算机系统中，再通过计算机系统对该信号进行处理，获得相应的数据。

（4）CT 扫描结束后，需要对数据进行重建。数据重建主要是将扫描所得到的数据，按照一定算法重建为岩样的三维模型，也就是预重建的过程，之后再对其进行图像校正和硬化校正，最后重建完成。

5.1.4　数据重建结果

数据重建环节是后期研究砂岩孔隙结构以及渗透率的重要依据。本书主要针对部分岩样进行 CT 扫描以及数据重建。以 GQ2b 岩样为例进行分析，其扫描图像结果依次为岩样 x 轴方向扫描图像切片、岩样 y 轴方向扫描图像切片、岩样 z 轴方向扫描图像切片以及相应的三维渲染图像，如图 5-3 所示。

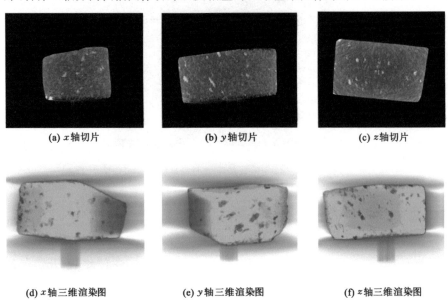

(a) x 轴切片　　　　(b) y 轴切片　　　　(c) z 轴切片

(d) x 轴三维渲染图　　(e) y 轴三维渲染图　　(f) z 轴三维渲染图

图 5-3　GQ2b 岩样扫描切片及三维渲染效果图

5.2　岩样孔隙的提取及分析

5.2.1　孔隙的提取

（1）选择目标研究区域

重建好的岩样数据体可划分为 $960 \times 960 \times 768$ 个切块（即 x 轴有 960 张切片，y 轴有 960 张切片，z 轴有 768 张切片）。将岩样数据体导入 Avizo 软件后，观察岩样的三维图像，发现岩样发生倾斜（图 5-4），因此首先对岩样进行摆正处理，防止由于倾斜导致数据的不准确，处理后得到摆正后的岩样三维图像（图 5-5）。

图 5-4　倾斜的岩样三维图像

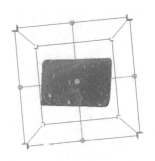

图 5-5　摆正后的岩样三维图像

摆正后的岩样 x、y、z 三个方向的三维重构模型图如图 5-6 所示，其外围白色部分为空气。为了便于后期模型运算，需要保证模型是规则的且不能包

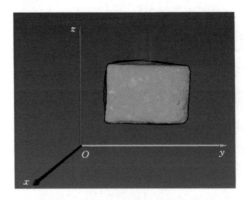

（a）yOz面（x方向）

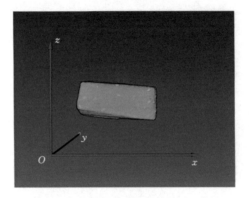

（b）xOz面（y方向）

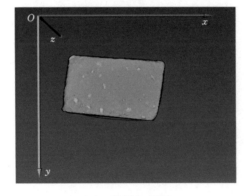

（c）xOy面（z方向）

图 5-6　岩样 x、y、z 方向三维重构模型图

含空气部分,因此对模型裁切后作为目标研究区域。在对模型裁切时,首先应当观察整体视域的大小,然后确定目标裁切大小。本次裁切选择保留 x 方向上第 496 张到第 695 张切片、y 方向第 485 张到第 684 张切片、z 方向上第 312 张到第 511 张切片。裁切视域如图 5-7 所示,目标研究区域如图 5-8 所示。

（2）图像滤波

在进行 CT 扫描的过程中,周围光线及岩样内部湿度等的干扰会产生图像噪声,这些图像噪声主要分布在岩样孔隙和骨架交会处,且这部分图像的灰度值较为接近,如果放弃去噪流程,会导致之后进行图像分割时影响主观的判断,产生计算的偏差,进而使所得到的岩样孔隙和骨架部分的参数不准确。

因此,去噪流程是提高图像质量必不可少的一个环节。在 Avizo 软件中应用比较广泛的去噪方法是中值滤波,它能够将图像上某一点的灰度值用该点的一个邻域中每个点灰度值的中值来代替,使周围的灰度值更加接近真实值。本书对图像去噪的方法采用中值滤波,其去噪结果如图 5-9 所示,通过中值滤波能让岩样切片呈现更为清晰的视角,方便后期进行阈值分割。

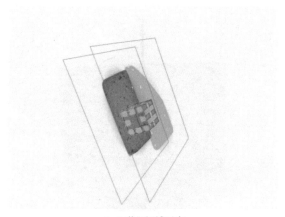

（a）裁切视域示意

图 5-7　裁切视域

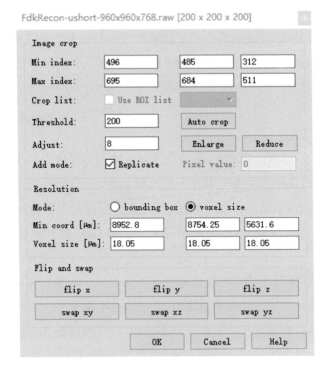

（b）x、y、z 三轴裁切视域选择

图 5-7 （续）

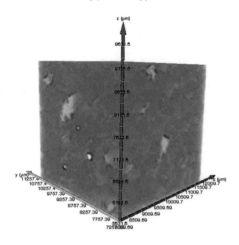

图 5-8 目标研究区域（裁切结果）

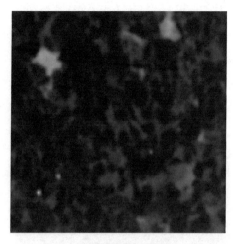

(a) 中值滤波处理前图像

(b) 中值滤波处理后图像

图 5-9　中值滤波处理

（3）图像分割

　　图像的灰度值大小反映出了在进行 CT 扫描时岩样对 X 射线吸收程度的大小；吸收程度越小，则灰度值越低，越趋向于白色，代表岩石骨架；吸收程度越大，则灰度值越高，越趋向于黑色，代表孔隙。在去噪结束后，需要对图像进行阈值分割,即图像二值化(将代表孔隙的黑色部分和代表岩石骨架的白色部分分离出来)。在 Avizo 软件中,对于图像阈值分割的方法有很多,本次采用交互式阈值分割法,它能够对所需区域进行划分,通过计算机运算,可以得出该灰度值下的孔隙和岩石骨架。该方法的优势主要是操作起来更加方便,并且所计算出来的孔隙度与实测数值更为接近。交互式阈值分割处理如图 5-10 所示。

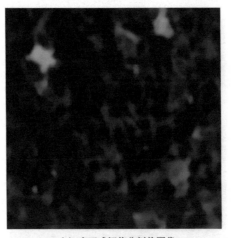

(a) 交互式阈值分割前图像

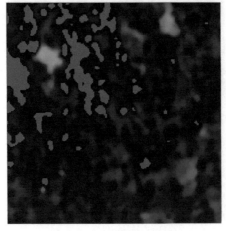

(b) 交互式阈值分割后图像

图 5-10 交互式阈值分割处理

（4）孔隙结构提取

交互式阈值分割结束后，便能得到该灰度值下的孔隙。岩样的孔隙分为连通孔隙和孤立孔隙两种（即总孔隙＝连通孔隙＋孤立孔隙），如图 5-11 所示。孤立孔隙往往不是岩石渗流的主要参与部分，研究中也仅对孤立孔隙进行简单的处理和研究。连通孔隙是主要参与岩石渗流的部分，故连通孔隙是研究的重点领域。

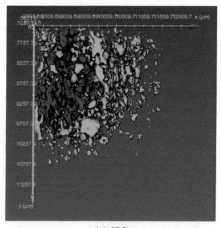

（a）视角 1

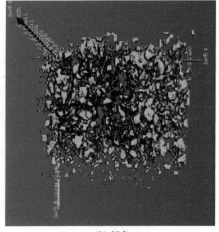

（b）视角 2

图 5-11　研究区域的总孔隙展示

图 5-11 中绿色部分为孤立孔隙,紫色部分为连通孔隙,总孔隙为孤立孔隙和连通孔隙之和,占研究区域的 7.85%,其中:孤立孔隙约占研究区域的 3.34%,约占总孔隙的 42.55%;连通孔隙约占研究区域的 4.51%,约占总孔隙的 57.45%。可以看出连通孔隙相对于孤立孔隙占比较大。本次分析的部分岩样中孔隙类型及占比情况如表 5-1 所列。

表 5-1 孔隙类型及占比情况

岩样名称	总孔隙度/%	孤立孔隙度/%	连通孔隙度/%	孤立孔隙占总孔隙的比例/%	连通孔隙占总孔隙的比例/%
GQ2b	7.85	3.34	4.51	42.55	57.45
GQ5b	4.81	0.93	3.88	19.33	80.67
GQ7a	6.55	1.97	4.58	30.08	69.92
TL1	6.54	0.94	5.60	14.37	85.63
LA1	1.98	1.23	0.75	62.12	37.88
LA3	2.51	2.13	0.38	84.86	15.14
LA4	1.62	0.88	0.74	54.32	45.68

5.2.2 孔隙度分析

在对孔隙度的分析中,通常分为总孔隙度、连通孔隙度、孤立孔隙度三类。在进行孔隙分析之前,需要对总孔隙有一个基本认识,才能更好地探索连通孔隙和孤立孔隙的本质。岩样的总孔隙分为连通孔隙和孤立孔隙两部分。

(1) 总孔隙

在选择的目标研究区域中,总孔隙占整体的 7.85%,即总孔隙度为 7.85%,如图 5-12 所示。

在研究三维孔隙成像显示之前,对该研究区域的面孔率进行分析。面孔率是每一张切片上孔隙度的反映,能够反映出岩样的非均质性,波动越大时,表示岩样的非均质性越强,反之,非均质性较弱。当切片从第 1 张到第 200

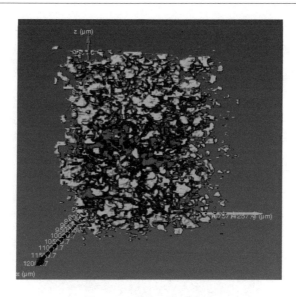

图 5-12　研究区域总孔隙

张逐渐增加的过程中,可以看出面孔率整体的增减幅度相对稳定,表明岩样的非均质性较弱,如图 5-13 所示。第 191 张切片后面孔率的增减幅度最大,表明该区段边界效应对孔隙影响明显;面孔率最小值出现在第 16 张切片,约为 5.13%,表明该张切片上孔隙最少。

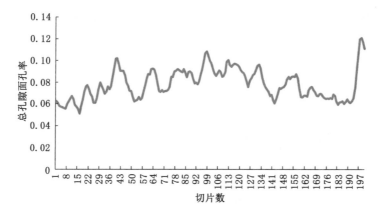

图 5-13　总孔隙面孔率的分布情况

（2）孤立孔隙

经过对图像的滤波和分割，得到岩样的孤立孔隙，如图 5-14 所示。孤立孔隙占研究区域的 3.34%，即孤立孔隙度为 3.34%，占总孔隙度的 42.55%。

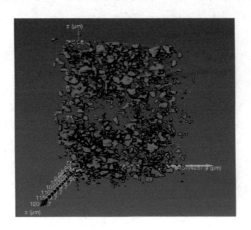

图 5-14　研究区域孤立孔隙

孤立孔隙面孔率的分布情况如图 5-15 所示，从图中可以看出孤立孔隙面孔率的分布曲线波动较大，说明岩样的孤立孔隙部分非均质性较强。孤立孔隙面孔率占总孔隙面孔率比例的分布情况如图 5-16 所示，从图中可以看出两端的孤立孔隙较多，是由于岩石切割，边界效应影响连通性，而中间的孤

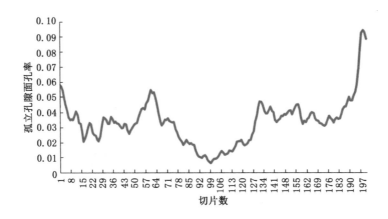

图 5-15　孤立孔隙面孔率的分布情况

立孔隙较少,说明样品的连通性较好。

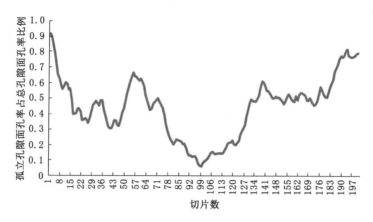

图 5-16　孤立孔隙面孔率占总孔隙面孔率比例的分布情况

（3）连通孔隙

连通孔隙是对岩样渗透率贡献最主要的部分,也是探究的难点和重点。通过 Avizo 软件可以实现数据体的可视化,通过交互式阈值对岩样孔隙分离,得到岩样的连通孔隙,如图 5-17 所示。连通孔隙占总研究区域的 4.51％,即连通孔隙度为 4.51％,占总孔隙度的 57.45％。连通孔隙和孤立孔隙的占比是比较均匀的,这一结果跟前述物性分析得到的结果相近。

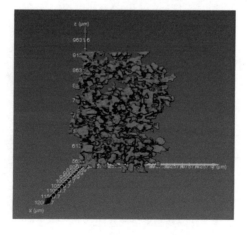

图 5-17　研究区域连通孔隙

连通孔隙面孔率的分布情况如图 5-18 所示,从图中可以看出连通孔隙面孔率的分布曲线波动较大,特别是位于中间切片的面孔率较大,说明岩样内中间部分连通性很好,和孤立孔隙显示的连通性质相符。连通孔隙面孔率占总孔隙面孔率比例的分布情况如图 5-19 所示,从图中可以看出两端的连通孔隙较少,中间的连通孔隙较多,是由于中间部分受边界效应影响最小,更能真实地反映样品的实际连通性。

图 5-18　连通孔隙面孔率的分布情况

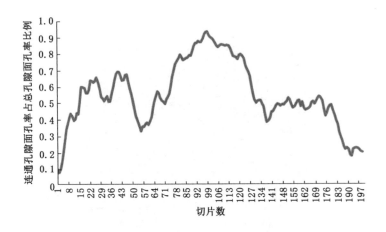

图 5-19　连通孔隙面孔率占总孔隙面孔率比例的分布情况

5.2.3　岩样孔径分析

　　为了解不同孔径的孔隙在研究区域内的分布位置,掌握孔径区间内的孔隙特征,将总孔隙按照孔径大小进行筛选(图 5-20)。其中部分孔径大于400 μm,这是由于软件分析时将部分连通孔隙识别成同一孔隙。

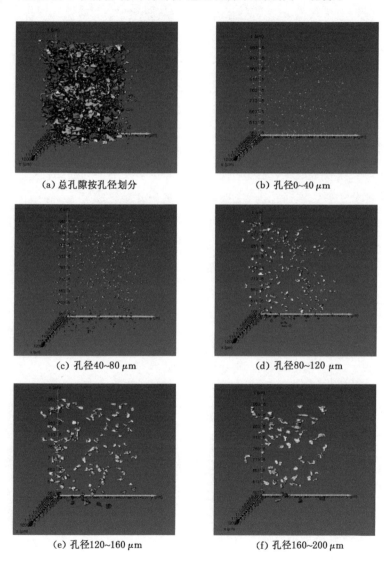

<table>
<tr><td align="center">(a)总孔隙按孔径划分</td><td align="center">(b)孔径0~40 μm</td></tr>
<tr><td align="center">(c)孔径40~80 μm</td><td align="center">(d)孔径80~120 μm</td></tr>
<tr><td align="center">(e)孔径120~160 μm</td><td align="center">(f)孔径160~200 μm</td></tr>
</table>

图 5-20　总孔隙孔径分布情况

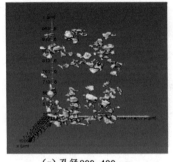 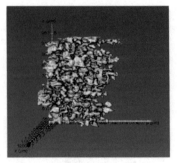

(g) 孔径200~400 μm　　　　　　　(h) 孔径大于400 μm

图 5-20　（续）

　　总孔隙孔径分布情况统计如图 5-21 所示,从图中可以看出,孔径为 40～80 μm 的孔隙分布最广,约为 39%,大孔隙占比较小,并且孔径大于400 μm 的孔隙部分主要为连通孔隙,主要是由于多个孔隙连接紧密,导致进行阈值分割时视为一块整体。

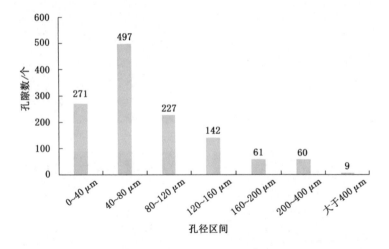

图 5-21　总孔隙孔径分布情况统计

5.2.4　岩样孔隙的形状因子分析

　　形状因子显示了孔隙的复杂程度,也是影响渗透率的关键因素之一。因此对岩样总孔隙进行形状因子分析,通过 Avizo 软件的形状因子模块(图 5-22)可以得到所研究岩样的形状因子。

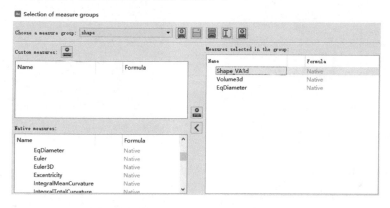

图 5-22　形状因子模块

根据形状因子的分界点,对总孔隙的形状因子做出划分,如图 5-23 所示。从图中可以看到出现形状因子大于 2.5 的岩样,这是由于 CT 扫描仪分辨率的限制,并且扫描的样品为致密砂岩,内部孔隙较小且紧密连接,导致 Avizo 软件在分割孔隙时将其视为一个整体进行分割,之后将会对这些形状因子过大的孔隙进行修正。总孔隙形状因子为 0～2.5 的分布情况统计如图 5-24 所示。

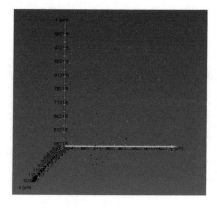

（a）形状因子0~0.5

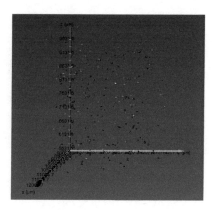

（b）形状因子0.5~1.0

图 5-23　总孔隙形状因子分布情况

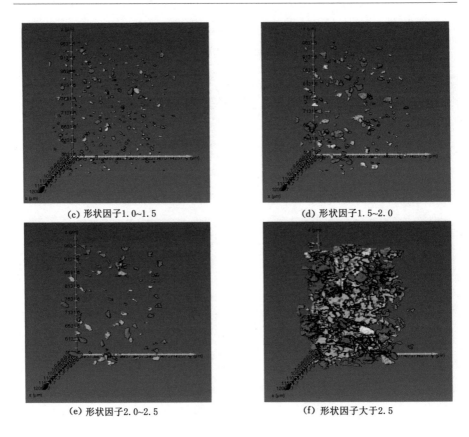

(c) 形状因子1.0~1.5　　　　　　　　(d) 形状因子1.5~2.0

(e) 形状因子2.0~2.5　　　　　　　　(f) 形状因子大于2.5

图 5-23　（续）

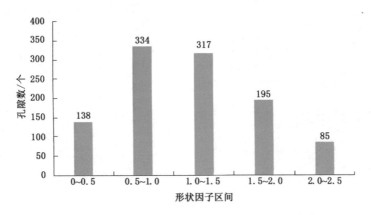

图 5-24　总孔隙形状因子为 0~2.5 的分布情况统计

目前,形状因子的计算是基于理想球体的基础而建立的,孔隙最理想的形态是球体(即形状因子等于 1),但从图中会发现存在大于 1 的形状因子。这是因为 Avizo 软件自身识别精度的原因,将多个孔隙视为一个整体,使得孔隙的形状复杂化、多样化。

5.3　基于 Avizo 软件的渗透率计算

Avizo 软件能够通过交互式阈值分割出岩样连通孔隙部分,进而建立球棍模型以及渗流场模型,将最后的结果同物性分析进行对比,若计算结果与实测结果相似度高,则表明 CT 扫描的数据体较准确。球棒模型和渗流场模型都是基于连通孔隙而建立的,因为孤立孔隙本身不连通,不参与渗流。

5.3.1　球棒模型

球棒模型通过将孔隙视为“球”,将孔喉视为“棒”,能够直观地表现出孔隙之间的连通情况,即配位数,一个“球”连接着几个“棒”,配位数便是多少。配位数越大,代表该孔的连通程度高,对渗透率的贡献值就越大。

在建立球棒模型之前,先分离出岩样连通孔隙部分(图 5-25),对该部分建立孔隙网络模型(图 5-26)以及球棒模型(图 5-27)。

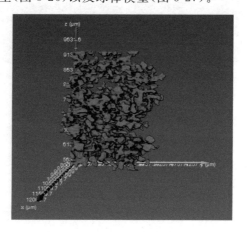

图 5-25　连通孔隙

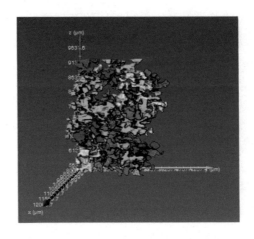

图 5-26　连通孔隙网络模型

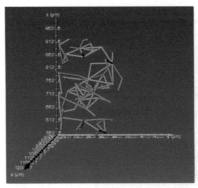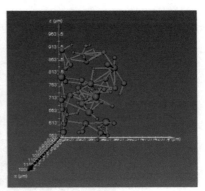

（a）未调整的球棒模型　　　　　　　　（b）调整的球棒模型

图 5-27　连通孔隙球棒模型

对建立的球棒模型进行配位数观察,发现配位数一共分为 9 个级别,其中 9 级的配位数仅有一个,如图 5-28 所示。孔隙的配位数占比情况如表 5-2 所列,从表中可以看出,1 级、2 级、3 级配位数的孔隙个数占比最多,约为 71.6%,而 7 级、8 级、9 级这样配位数较大的孔隙个数仅占 7.5%,表明低配位数孔隙较多,即使是连通孔隙,整体的连通性也不会太高。

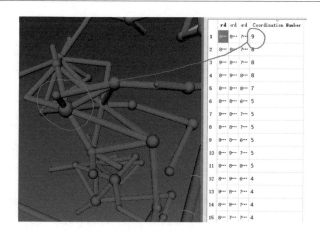

图 5-28　球棒模型配位数分布情况

表 5-2　孔隙的配位数占比情况

配位数级别	孔隙数/个	占比情况/%	总占比/%
1	23	34.3	
2	16	23.9	71.6
3	9	13.4	
4	8	11.9	
5	6	9.0	20.9
6	0	0	
7	1	1.5	
8	3	4.5	7.5
9	1	1.5	
合计	67	100	100

　　球棒模型表明了岩样内部连通孔隙之间的连通情况,通过球棒模型可以求得连通孔隙的迂曲度 τ,迂曲度＝路径长度/两点间直线距离($\tau = L_t / L_0$),迂曲度越大,表明孔隙之间连通的路径越弯曲,导致岩样的渗透率越小。在本模型中,测得迂曲度 τ 为 2.923,相当于孔隙 A 到孔隙 B 的路径长度是两点间直线距离的近 3 倍,并且测得该岩样在 x、y、z 三个方向的绝对渗透率张量(图 5-29),由于绝对渗透率张量是矢量,因此会存在负值。绝对渗

透率张量代表着某一个点在各个方向上的差异,可以用矩阵来表示[式(5-1)],对该矩阵内部的分量取算术平均值得到渗透率约为 0.013 6×10^{-3} μm^2。本次进行 CT 扫描的 GQ2b 岩样,通过物性分析得到的渗透率为 0.014 4 mD(约 0.014 2×10^{-3} μm^2),与模拟结果相比,从数值上看是相吻合的,但由于测定绝对渗透率时是单向的,不考虑与岩石内部发生任何反应,导致绝对渗透率会比实测渗透率偏小。因此使用 Avizo 软件对岩样进行渗透率预测是符合实际的。

（a）x 方向绝对渗透率张量

（b）y 方向绝对渗透率张量

（c）z 方向绝对渗透率张量

图 5-29　x、y、z 三方向的绝对渗透率张量

$$\boldsymbol{k}^{\mathrm{T}} = [k_x, k_y, k_z] = \begin{bmatrix} k_{xx} & k_{xy} & k_{xz} \\ k_{yx} & k_{yy} & k_{yz} \\ k_{zx} & k_{zy} & k_{zz} \end{bmatrix} \tag{5-1}$$

5.3.2　渗流场模型

渗流场模型的建立基于达西定律,能够反映出岩样内部流体流动的情况。通过 Avizo 软件对数据体进行绝对渗透率实验模拟,能够得到速度场,通过对速度场量化,经可视化操作可以得到岩样内部流速的大小。本次建立

的渗流场模型如图 5-30 所示,从模拟结果展示上来看,发现主要参与渗流的是该岩样的中后部,中间部分的连通孔隙流体流速较慢,说明中间部分的孔喉狭窄,而中后部孔喉较宽,连通性好,配位数大。

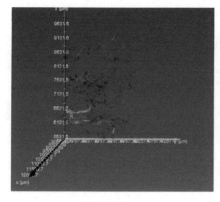 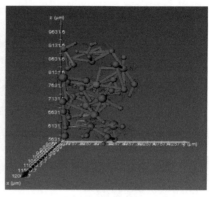

(a) 渗流场　　　　　　　　　　　　　(b) 渗流场与球棒模型

图 5-30　渗流场模型

使用 CT 扫描仪在扫描岩样时的步骤十分关键,会影响重建效果以及 Avizo 软件对岩样的展示效果,通过对孔隙结构的提取,发现岩样致密性较高,导致 Avizo 软件在识别孔隙时,会将多个孔隙视为一个整体。利用 CT 扫描技术能够使得孔隙度和渗透率的计算结果在数值上与实测值相吻合,但是也会受到自身分辨率的影响(CT 扫描仪的最大分辨率为 0.5 μm,即小于 0.5 μm 的孔隙不会进行成像显示,若想要观察更小的孔隙,需要将岩样进一步缩小,才能达到预期效果)。通过 Avizo 软件建立的岩样模型,在经过统计和计算后的数据与实际还是有一定偏差,这也是不可避免的,但该偏差在可接受的范围内,所以通过 Avizo 软件来预测岩样渗透率还是有实用价值的。在进行渗流场模型建立时发现连通孔隙是主要参与渗流的部分,并且在渗流场模型中,发现连通孔隙越多的切片,其流速相对于其他切片要快,但连通孔隙度较小的切片对整体渗流效果的影响是很大的。

5.4 渗透率理论预测模型

5.4.1 传统渗透率预测模型

渗透率是指在一定压力差下岩石允许流体通过的能力,是表示岩石内部流体传输的参数。渗透率的量纲是长度的平方,称之为达西(D),常用单位以毫达西(mD)为主。

渗透率作为储层评价和油藏工业开采的关键因素,渗透率定量化的预测是研究重点,传统渗透率的预测主要是基于达西定律。

Kozeny 和 Carman 提出的 KC 方程在地下渗流、油气田开采、化学工程、生物化学和电化学等众多领域被广泛用于估计和预测水力传导系数。根据 KC 方程,多孔介质的渗透率 k 可以表示为:

$$k = \frac{\varphi^3}{C_K (1-\varphi)^2 S^2} \tag{5-2}$$

式中　φ——孔隙度;

　　　C_K——Kozeny 常数;

　　　S——固体相的比表面积。

考虑迂曲度效应(迂曲度 τ),KC 方程还可以进一步表示为:

$$k = \frac{\varphi^3}{36 C_K (1-\varphi)^2 \tau^2} d^2 \tag{5-3}$$

式中　d——颗粒平均直径;

　　　τ——迂曲度。

M. Kaviany 认为如果 τ 的数值近似于 $2^{1/2}$ 时,则对于球形粒子而言 C_K 取 2.5。虽然 KC 方程得到广泛应用,但它存在一定的局限,目前 C_K 的值在不同场景中变化范围很大。

5.4.2 渗透率相关参数及修正模型

在 KC 方程的基础上,建立加入形状因子作为影响因素的渗透率预测模型:

$$k = \frac{\varphi^3}{36\,\tau^2\,\sigma^n(1-\varphi)^2}\,d^2 \tag{5-4}$$

式中　σ——形状因子；

n——形状因子指数，需综合分析确定。

第6章 结　　论

本书从垂向和横向上对砂岩岩芯进行了薄片鉴定、孔渗测试、SEM 和 CT 扫描等室内实验研究,在实验数据分析的基础之上,对不同深度砂岩的垂向和横向空间分布特征与渗透性空间相关性进行研究,采用微、中尺度岩石特性与宏观渗透性参数关联满足了多孔介质分布式参数的要求,提供了三维空间点参数,极大减少了野外水文试验等工作量,具有重要的理论意义和实用价值,具体内容如下:

(1) 孔渗测试的结果显示,除了个别样品外,整体上潞安高河矿砂岩孔隙度较低,葛泉矿、马兰矿和屯兰矿砂岩孔隙度较高,但砂岩渗透率均较低。

(2) 薄片鉴定结果显示,华北地区煤层顶板以岩屑砂岩为主,较为致密,主要发育微孔隙。其中岩屑以变质岩屑为主,填隙物含量高,主要为水云母、高岭石、网状黏土、杂基等。通过葛泉矿普通砂岩与陷落柱砂岩黏土矿物成分对比,发现陷落柱砂岩中伊利石和绿泥石含量增加,伊蒙混层和高岭石含量减少。同时研究认为葛泉矿山西组砂岩的孔隙水为碱性介质,是相对富钾的环境。结合黏土矿物在成岩阶段的指示显示,成岩阶段位于中成岩阶段的早期。

(3) 利用 SEM 和 CT 扫描砂岩样品,采用计算机信息技术重构大尺度三维孔隙裂隙网络系统,从内部空间结构刻画多孔介质的空间变异性,分析砂岩岩相空间分形特征,研究表明,实际砂岩分形维数的估计要比以往所有基于理想化物理模型的研究复杂得多。

（4）基于分形理论，建立了砂岩渗透性与结构参数的函数关系，具有一定的现实意义，可对煤矿防治水工作提供帮助。

参 考 文 献

[1] 姜涛. 砂岩微观孔隙分形特征与渗透率的相关性研究[D]. 廊坊:华北科技学院,2019.

[2] 姜涛,徐维,苏壮壮. 利用小岛法对砂岩 SEM 图像进行渗透率计算分析[J]. 华北科技学院学报,2018,15(5):54-59.

[3] 郎颖娴,梁正召,段东,等. 基于 CT 试验的岩石细观孔隙模型重构与并行模拟[J]. 岩土力学,2019,40(3):1204-1212.

[4] 李留仁,赵艳艳,李忠兴,等. 多孔介质微观孔隙结构分形特征及分形系数的意义[J]. 石油大学学报(自然科学版),2004,28(3):105-107,114.

[5] 李中锋,何顺利,杨文新. 砂岩储层孔隙结构分形特征描述[J]. 成都理工大学学报(自然科学版),2006,33(2):203-208.

[6] 连会青,冉伟,夏向学. 砂岩微观孔隙分形特征与宏观渗透性能的相关性[J]. 辽宁工程技术大学学报(自然科学版),2017,36(6):624-629.

[7] 连会青,冉伟,夏向学. SEM 图像处理与微观信息提取技术研究[J]. 煤炭技术,2015,34(10):119-122.

[8] 连会青,夏向学,王世东,等. 含水层微观孔隙分形特征与渗透性关联研究[J]. 工程勘察,2014,42(1):36-41.

[9] 刘学锋,张伟伟,孙建孟. 三维数字岩芯建模方法综述[J]. 地球物理学进展,2013,28(6):3066-3072.

[10] 马文国,刘傲雄. CT 扫描技术对岩石孔隙结构的研究[J]. 中外能源,

2011,16(7):54-56.

[11] 马志强,左艳丽,卢春华.计算机断层扫描(CT)技术在矿物岩石细观结构观测中的应用[J].化工矿物与加工,2019,48(3):4-8.

[12] 潘汝江,何翔,肖维民,等.CT 扫描技术在岩芯三维重建中的应用[J].CT 理论与应用研究,2018,27(3):349-356.

[13] 冉伟.华北煤田典型岩层空隙分形特征与渗透性研究[D].廊坊:华北科技学院,2016.

[14] 孙润.砂岩微观孔隙结构特征电镜观察尺度的优质区间研究[D].廊坊:华北科技学院,2020.

[15] 孙泽.砂岩微观结构分形特征与其渗透率的相关性研究[D].廊坊:华北科技学院,2020.

[16] 陶高梁.岩土多孔介质孔隙结构的分形研究及其应用[D].武汉:武汉理工大学,2010.

[17] 吴金随,胡德志,郭均中,等.多孔介质中迁曲度和渗透率的关系[J].华北科技学院学报,2016,13(4):56-59.

[18] 邢敏,吴金随,张辞源,等.基于 CT 扫描技术对煤岩的孔隙结构的提取和研究[J].华北科技学院学报,2021,18(3):32-38.

[19] 徐斌,董书宁,徐艳玲.基于微观分形技术对矿区砂岩渗透参数估计研究[J].煤炭工程,2018,50(2):109-112.

[20] 徐艳玲,徐斌,尹尚先.砂岩渗透性能微观图像分形分析[J].工程勘察,2014,42(6):45-49.

[21] 袁春,王洋,葛新民.基于分形和岩芯核磁共振的流体相对渗透率计算方法[J].测井技术,2016,40(1):46-51.

[22] 赵建鹏,崔利凯,陈惠,等.基于 CT 扫描数字岩芯的岩石微观结构定量表征方法[J].现代地质,2020,34(6):1205-1213.